停止"无意识使用"，重启"好奇心开关"。

图解 文具中的科学奥秘

[日]涌井良幸　涌井贞美　著

张刚强　译

中国纺织出版社有限公司

原文书名：雑学科学読本　文房具のスゴい技術　＜単行本＞
原作者名：涌井良幸　涌井貞美
ZATSUGAKU KAGAKU DOKUHON　BUMBOGU NO SUGOI
GIJUTSU
© Yoshiyuki Wakui,Sadami Wakui 2014
First published in Japan in 2014 by KADOKAWA CORPORATION,
Tokyo. Simplified Chinese translation rights arranged with
KADOKAWA CORPORATION, Tokyo through CREEK & RIVER
Co., Ltd.

　　著作权合同登记号：图字：01-2025-2845

图书在版编目（CIP）数据

图解文具中的科学奥秘 /（日）涌井良幸，（日）涌
井贞美著；张刚强译 . -- 北京：中国纺织出版社有限
公司，2025.9. -- ISBN 978-7-5229-2849-4

Ⅰ . TS951-49

中国国家版本馆 CIP 数据核字第 2025NU5313 号

责任编辑：邢雅鑫　　　　　　　特约编辑：李翊萌
责任校对：高　涵　　　　　　　责任印制：储志伟

中国纺织出版社有限公司出版发行
地址：北京市朝阳区百子湾东里A407号楼　邮政编码：100124
销售电话：010—67004422　传真：010—87155801
http://www.c-textilep.com
中国纺织出版社天猫旗舰店
官方微博 http://weibo.com/2119887771
天津千鹤文化传播有限公司印刷　各地新华书店经销
2025年9月第1版第1次印刷
开本：880×1230　1/32　印张：8
字数：120千字　定价：49.80元

　　文具在生活中大显身手。可擦除字迹的圆珠笔，摇一下就能出芯的自动铅笔，无钉订书机……各式各样的新发明数不胜数。

　　说起来，20世纪被称为"基础科学的世纪"，即物理和化学方面的科学研究开花结果的世纪。在20世纪，我们能在微米，甚至纳米级别去观察和了解自然世界，也能解开"颜色是什么？""光是什么？""黏合是什么？"此类基础问题的奥秘。

　　正是承接了20世纪的研究成果，现代的21世纪才能成为"科技应用的世纪"。如今，在20世纪日趋成熟的多种基础科学，以及在其基础上发展出的各种基础技术知识，正要开花结果。文具的世界也不例外，开头提到过的可擦除字迹的圆珠笔等文具，就是这些成果的代表。它是在充分理解颜色、发光等物理性质，以及化学反应的机制以后，才具有可行性的首创产品。

　　从这个角度去观察一下文具吧！文具简直是一座汇集了科学技术的博物馆，其中凝结了现代科学技术的精华。认真观察各种文具，你能够看到科学技术进步的足迹。

本书正是一本从科学的视角观察文具的杂学科学读本，书中精选了与日常生活紧密相关的各种文具，对其中凝结的技术进行了介绍与解说。书中涉及的文具不仅有铅笔、圆珠笔、尺子和纸这些早已存在的文具，还有体现了现代技术精华的高科技文具。

文具是"知识的出发点"，用于写字、记笔记、画插图等活动的文具，都是生产知识的道具。日本不但对生产知识的道具十分讲究，而且会集中精力研究。可能正是这种对新时代拥有的高科技与古代已经存在的文具的精益求精，成就了现代文具开发的丰硕成果。若本书能够介绍出这种"文化"的一部分，那便是一件幸事了。

目 录

第一章 笔记神器
书写背后的科学魔法

第二章 修正与粘贴
让错误消失的科学

第三章 切割与固定
工具中的力学奥秘

第四章 测量与便利
工具中的数学与物理

第五章　记录与承载
纸与书写用具中的科学

第一章

笔记神器
书写背后的
科学魔法

铅笔 1
石墨与纸的"摩擦魔法"

"铅笔"一词中有"铅"这个字，但是，铅笔中真的含有铅吗？铅笔又为什么能够将字写在纸上呢？

"铅笔"由"铅"和"笔"两个字组成，因此，民间有着"铅笔中含有铅"的谣言。不过，其实铅笔中是没有铅的，铅笔中有的是一种叫作**"黑铅"**的物质，也就是石墨，因此与"铅"极易混淆。正是石墨和黏土共同组成了铅笔的芯。

石墨是一种只由碳元素组成的物质，同样只由碳元素组成的物质还有钻石，不过二者看起来天差地别。像这样由同一种元素组成，但性质完全不同的物质们，被称作**"同素异形体"**。

从纳米层面来看，石墨有着由易滑动的碳元素组成的片层结构。这种片层结构十分重要，正因如此，笔压才能使碳元素层轻易地脱落，成为黑色的粉，从而形成字或图画中的线条。

石墨和钻石的组成元素是相同的

石墨（Graphite，也被称为黑铅）和钻石，都是由碳原子组成的，但两种物质中碳原子的组合形式不同。像这样由相同元素组成的不同物质被称为"同素异形体"。石墨中碳元素一层一层相互重叠，层与层之间容易滑动，这种滑移性正是铅笔能够书写的必要条件。

◎**石墨（黑铅）**

◎**钻石**

碳原子

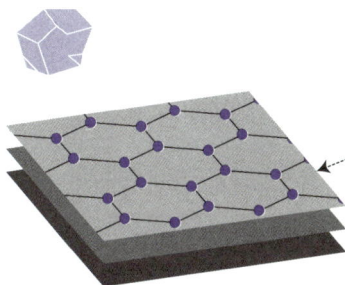

层状的晶体结构。

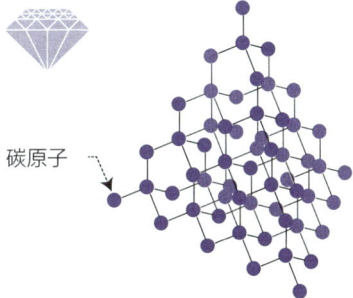

牢固结合在一起的晶体结构。

铅笔能够在纸上书写的原理

纸的表面由重叠的植物纤维组成，石墨的粉末进入这些纤维的缝隙间，便形成了字。

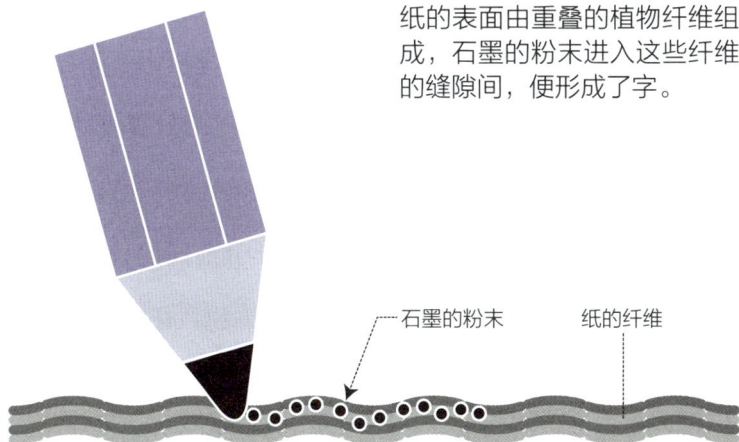

石墨的粉末

纸的纤维

石墨约 450 年前在英国被发现，它被发现后不久就成了一种书写用具，这便是铅笔的起源。话虽如此，但铅笔发展到今天的形态，是距此 200 年后的事情了。

那么，为什么铅笔能在纸上书写，却不能在铁或玻璃上书写呢？这是由前述的石墨的性质决定的，层状的碳元素因笔压剥落后，必须要能够附着在某物上才行。铁和玻璃的表面都既坚硬又滑溜溜的，石墨难以留在其表面。而纸张由植物纤维组成，表面粗糙不平。这种凹凸不平的表面能留住石墨，使黑色的粉末进入纤维的缝隙内。这便是铅笔能够在纸上书写的秘密。我们认为理所当然的事情，原来也有着这种微观层面的原因啊。

铅笔芯的颜色深度和硬度，用由 B 和 H 组成的**硬度标志**来表示。B 为 black 的首字母，H 是 hard 的首字母。B 前面的数字越大，表示笔芯越软，H 前面的数字越大，表示笔芯越硬。铅笔的硬度由石墨和黏土的比例决定，例如，HB 的铅笔由 70% 石墨、30% 黏土组成。B 前面的数字越大，说明铅笔芯中的石墨含量越高。顺便一说，H 和 HB 的中间还有一个 F 级别，F 是 firm（坚实）的首字母。

铅笔芯的成分和硬度标志

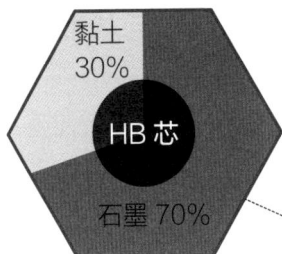

黏土
30%

HB 芯

石墨 70%

铅笔芯由石墨和黏土组成，增加黏土含量会提高笔芯硬度。黏土越多笔芯越硬（即 H 前面的数字越大），石墨越多笔芯越软（即 B 前面的数字越大）。

9H 8H 7H 6H 5H 4H 3H 2H H F HB B 2B 3B 4B 5B 6B 7B 8B 9B 10B

硬 中等 软

铅笔的制造工艺

将黏土和石墨、水等材料充分混合，花时间反复搅拌糅合，干燥后烧制成型，便成了铅笔芯。将铅笔芯嵌入木头中，再把木头削成六角笔杆，便制成了铅笔。

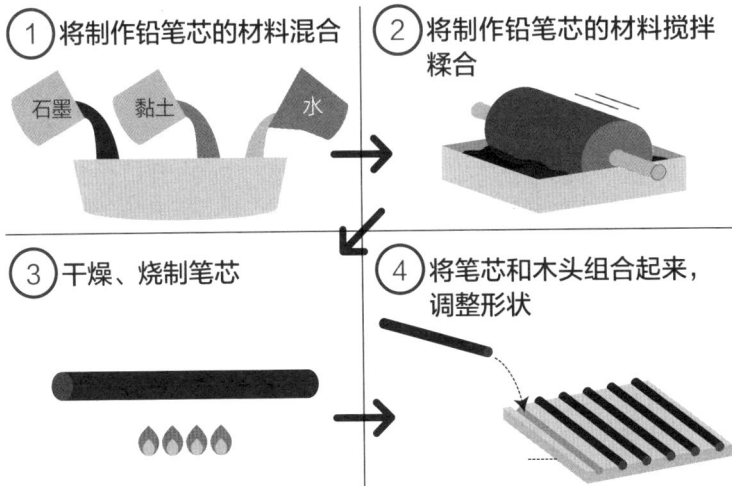

① 将制作铅笔芯的材料混合

石墨 黏土 水

② 将制作铅笔芯的材料搅拌糅合

③ 干燥、烧制笔芯

④ 将笔芯和木头组合起来，调整形状

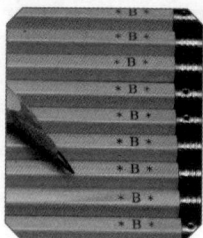

铅笔 2
六角形设计背后的科学与长度之谜

铅笔是我们从小就很熟悉的物品。但是，为什么铅笔是六棱的呢？又为什么铅笔可以论"打"卖呢？铅笔身上仍有许多谜题。

据说在日本，最先使用铅笔的人是德川家康。铅笔发明于距今约 450 年前的英国，德川家康在没多久后就接触到了这一新发明。铅笔可以说是日本走向全球化的先驱之一。在此，我想介绍更多这类的知识。

常见的铅笔都是六角笔杆，其原因之一是这样的形状不易滚动。另外，人们都是用三根手指（拇指、食指和中指）握住铅笔的，因此铅笔的面数为三的倍数会很方便持握。顺便一提，市场上也能买到三角笔杆的铅笔，因为有许多人觉得三角笔杆的铅笔比六角笔杆的更适合持握。

另外，同样都是铅笔，但彩色铅笔却是圆杆的，其中的理由我将在下节的内容中介绍。

话说回来，各家厂商生产的铅笔长度和粗细大致相同，

常见的（六角笔杆）铅笔

常见铅笔的横截面是六边形的，这是因为握住铅笔必然要用到三根手指（拇指、食指和中指），因此面数需要制成三的倍数。市面上也有像施德楼公司生产的绘图用铅笔和蜻蜓铅笔公司生产的"正姿铅笔"这类笔杆圆滑的三角形铅笔，这些铅笔的面数都是三的倍数。

◎常见的（六角笔杆）铅笔

中指第三关节左侧

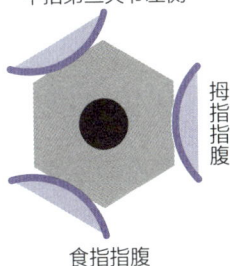

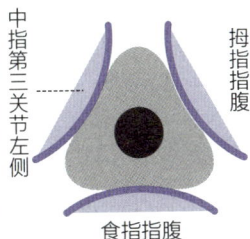

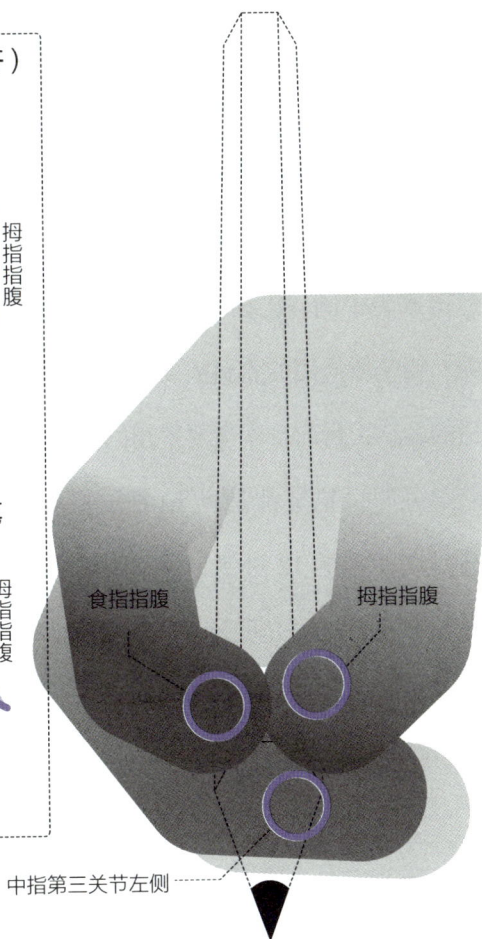

拇指指腹

食指指腹

◎三角笔杆的铅笔

中指第三关节左侧

拇指指腹

食指指腹

食指指腹

拇指指腹

中指第三关节左侧

其中有没有什么规范呢？原则上来说，JIS❶规定，铅笔的长度应为172毫米以上，直径应为8毫米以下。这一标准据说是根据成年人手掌自掌根到中指指尖的长度来确定的。

铅笔芯是由石墨和黏土组成的，但其所用的黏土并不是随意选择的。所用的黏土应具有适合铅笔芯成型的柔软度、硬化后良好的坚固度及较好的纯度。常用的黏土产自德国或英国。

那么，石墨是从哪里进口而来的呢？日本石墨的主要进口国家为中国、巴西和斯里兰卡。那么包裹住铅笔芯的木头呢？铅笔所采用的木料需要容易切削，并且要有令手指皮肤舒适的触感。目前日本主要使用的是北美地区生产的柏科木材。

通常，铅笔都是以12根一打为单位售卖，这源于古罗马时期使用的12进制计数法。在日本历史上并不存在这种计数方法，这只是明治时代❷铅笔自欧洲传入后残存下来的习惯而已。以"打"计数的方法，至今在欧洲文化圈中仍存在，除了铅笔，啤酒和果汁的瓶、罐也会用"打"来计数。

---

❶ 指日本工业标准（Japanese Industrial Standards）。——译者注，若无特别说明，本书脚注均为译者注。

❷ 日本明治时代，指1868—1912年。

是谁最先决定了铅笔的长度？

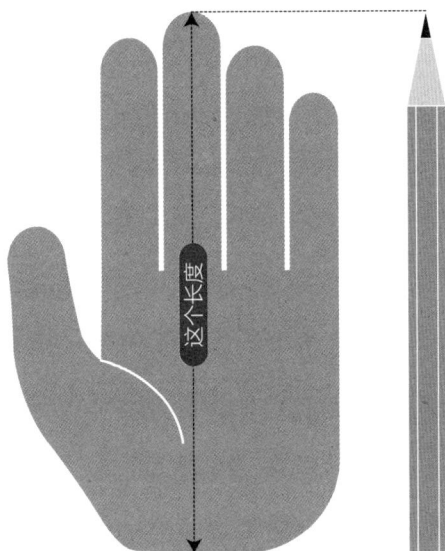

这个长度

日本的铅笔长度，由JIS规定为"172毫米以上"。最先提出要采用与这个规定接近的铅笔长度的人是德国人路德·法贝尔。1840年左右，他提出铅笔的长度应参考成年人手掌自掌根到中指指尖的长度，即7英寸（约177.8毫米）。

一支铅笔能书写的长度

一支圆珠笔	约 1.5 千米
40 根自动铅笔替芯（一盒）	约 10 千米
一支铅笔	约 50 千米

如果一支（HB）铅笔，在不被削掉的情况下一直画线，线的长度可达约50千米。不过，这个数字是在将铅笔芯从铅笔中抽出，在特定的气候条件下，使用机器严格控制笔压为300克，在纸上画线得出的。铅笔芯消耗的速度不仅受笔压的影响，还受到湿度等因素的影响。

|彩色铅笔|
圆柱形状与橡皮"擦不掉"的秘密

虽然也被称为"铅笔",但彩色铅笔的形状和
性质都与普通铅笔不同,这究竟是为什么呢?

在入学用品中,最容易留在孩子们记忆中的文具大概
就是彩色铅笔了。多彩的 12 色、24 色铅笔,象征着丰富
多彩的未来,使人心潮澎湃。

这种彩色铅笔在外观和性质上都与普通的铅笔有很大
的不同,用彩色铅笔写出的字不能被橡皮擦掉,而且彩色
铅笔横截面的形状是圆形,而非三角形或六边形。

这些差异的主要原因是二者笔芯的性质不同。普通铅笔
的芯是由石墨和黏土混合烧制成型的,质硬且结实。与此相
对,彩色铅笔的笔芯由颜料或染料、使笔能顺滑书写的滑石
粉或蜡,以及使这些物质凝固成型的黏合剂混合成型,并未
经过烧制。因此,彩色铅笔的笔芯质软、硬度低,也更加粗。

彩色铅笔写出的字无法被橡皮擦掉,是因为笔芯的材
料基本都是油性的。彩色铅笔芯的颜色会渗入纸的纤维中,

普通铅笔和彩色铅笔的原材料

如前所述，普通黑色铅笔的笔芯（即石墨芯铅笔）是由黏土和石墨混合烧制成型的，而彩色铅笔的芯却是用蜡和颜料等材料，加上油性材料及滑石粉等混合成型的。顺便一提，滑石粉是使笔芯能够顺滑书写的物质，在婴儿爽身粉中也有使用。

◎普通的铅笔

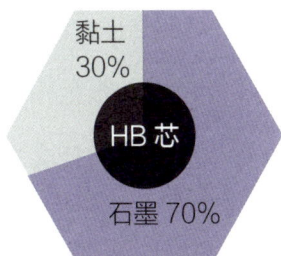

黏土 30%

HB 芯

石墨 70%

◎彩色铅笔

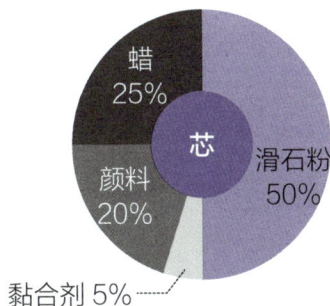

蜡 25%

颜料 20%

芯

滑石粉 50%

黏合剂 5%

橡皮不能擦除彩色铅笔字迹的原因

一般来说，用彩色铅笔写的字是很难被橡皮擦掉的。这是因为彩色铅笔芯的成分是油性的。

◎普通的铅笔

◎彩色铅笔

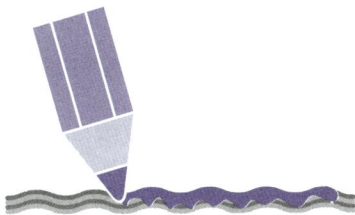

普通铅笔芯的粉末只是附着在纸的表面，能够被橡皮粘住并带走。

彩色铅笔芯的材料柔软且是油性的，能够渗入纸的纤维中，橡皮很难擦掉。

所以橡皮无法将其擦除。

彩色铅笔的笔杆是圆形的，这也是由其笔芯的性质决定的。圆形的笔杆包裹在笔芯的周围，在受到冲击时，力能够均匀地分散开，使笔芯不容易折断。反过来说，如果又粗又脆弱的笔芯被包裹在六角的木头笔杆里面，铅笔就会有木杆比较薄弱的部分，无法保证铅笔的强度。

设计成圆杆，除了强度还有另一个理由。彩色铅笔也会用于绘画，握笔姿势多样，因此便于持握的圆杆会更易于使用。

彩色铅笔还有其他和普通铅笔的不同之处。在售卖时，彩色铅笔往往是削好的，但普通铅笔则不会被削好。存在这种差异的原因很简单，彩色铅笔一般是 12 色或 24 色成套出售的，提前削好能够省掉我们削铅笔的时间，另外，也能够使我们更容易确认笔的颜色。

随着科技的进步，能被橡皮擦掉的彩色铅笔已进入市场，而且也有了横截面为六边形的彩色铅笔。人们甚至制造出了没有木制笔杆，整体都是笔芯的彩色铅笔，这种彩色铅笔获得了很高的人气。这些新式彩色铅笔拥有和传统彩色铅笔不同的触感，请尝试一下吧！

彩色铅笔为何是圆柱状的?

常见彩色铅笔的横截面并不是六边形或三角形，而是圆形。这是因为彩色铅笔的笔芯很柔软，容易折断。将彩色铅笔做成圆柱状，能够在受到冲击时更好地保护笔芯。

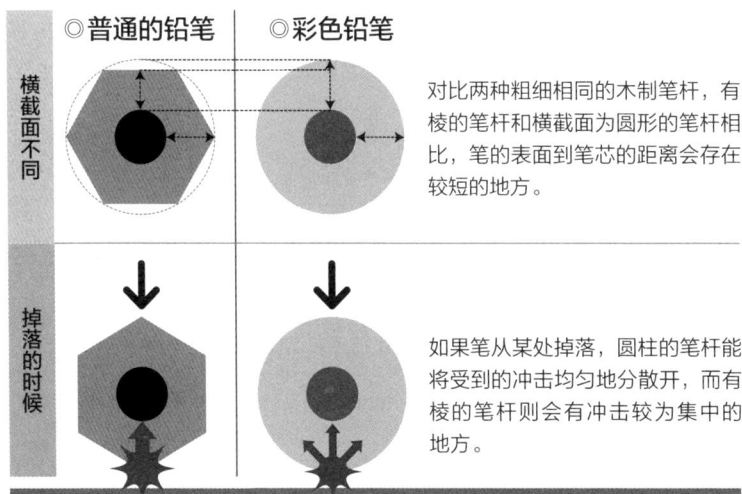

◎普通的铅笔　◎彩色铅笔

横截面不同

对比两种粗细相同的木制笔杆，有棱的笔杆和横截面为圆形的笔杆相比，笔的表面到笔芯的距离会存在较短的地方。

掉落的时候

如果笔从某处掉落，圆柱的笔杆能将受到的冲击均匀地分散开，而有棱的笔杆则会有冲击较为集中的地方。

各种各样的彩色铅笔

◎笔杆整体都是笔芯的彩色铅笔

◎纸杆彩色铅笔

彩色铅笔有许多不同的种类，例如，左图上方的笔整体都是由笔芯构成的。樱花公司的COUPY彩色铅笔（全芯）就是这种类型的代表商品。左图下方的是将柔软粗壮的笔芯用纸卷起来的一种彩色铅笔，它甚至能在玻璃或皮肤上书写。三菱铅笔公司制造的卷纸蜡笔是这类商品的代表。

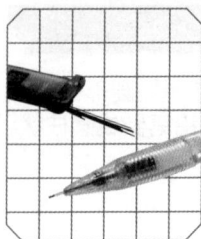

自动铅笔
机械精密，书写更流畅

自动铅笔不用削笔芯就能使用。这种笔是被著名电机生产厂商夏普的创始人商品化的，故在日本以此命名。

小学时，学校鼓励使用铅笔，但是在日常生活中，我们使用铅笔的机会越来越少了，因为自动铅笔已取代了传统铅笔的地位。年轻人亲切地将自动铅笔称为"sharpen"。[1]

虽然"自动铅笔"这一词在日语中是用片假名书写的，可能导致人们认为自动铅笔是来自欧美的产品，但其实自动铅笔最初是在日本被商品化的。在大约 100 年前，大型家电企业夏普的创始人早川德次开发并命名了自动铅笔。据说，最初的自动铅笔并不是按动式的，而是旋转式的。按动式自动铅笔上市，是半个世纪后也就是 1960 年的事情了。

在日本，尽管一支自动铅笔不到 100 日元（约 5 元人民币）就能买到，但其构造是十分精巧的。只要用手指按一下按钮，自动铅笔中的夹头就会夹住笔芯并将其送出。

---

[1] 自动铅笔在日本被称为 sharp pencil，简称为 sharpen。

按动式自动铅笔的构造

按动式自动铅笔的构造很精巧。用手指按一下按钮，夹头就会夹住笔芯并将其送出。

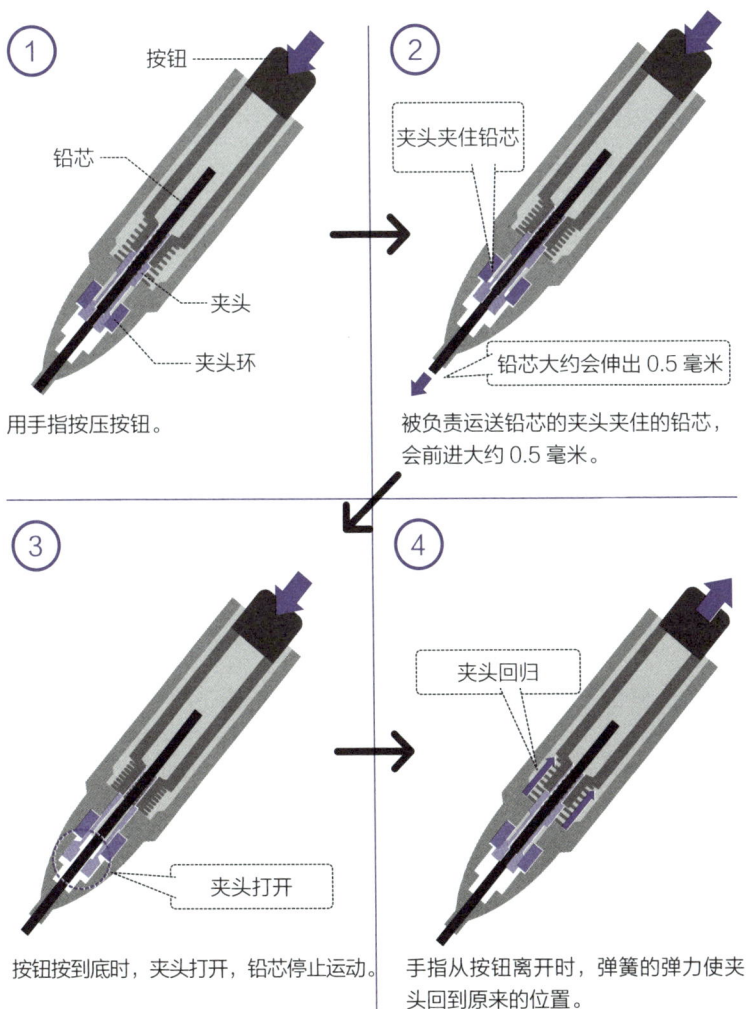

① 按钮

铅芯

夹头

夹头环

用手指按压按钮。

② 夹头夹住铅芯

铅芯大约会伸出 0.5 毫米

被负责运送铅芯的夹头夹住的铅芯，会前进大约 0.5 毫米。

③ 夹头打开

按钮按到底时，夹头打开，铅芯停止运动。

④ 夹头回归

手指从按钮离开时，弹簧的弹力使夹头回到原来的位置。

按下笔端的按钮，自动铅笔中的夹头就会打开，伸出一定长度的铅芯。按钮回到原位时，笔前端橡胶材质的保持夹头会将铅芯固定住，保证铅芯不会退回去。自动铅笔正是通过这种摩擦力的绝妙平衡，实现了对铅芯的控制。

说句题外话，按动自动铅笔时会出现的"咔嗒咔嗒"声，是笔中夹头环弹起碰撞笔身的声音。夹头环是用于保护夹头的运动，帮助夹头顺利夹住铅芯的装置。如果夹头环是金属制的，按起来就会有非常好听的声音。

在刚上市时，自动铅笔铅芯的直径是超过 1 毫米的。因为当时是用普通铅笔的芯作为替换的，普通铅笔的芯是由石墨和黏土制成的，没办法做得太细。但是，现在自动铅笔的铅芯能够做到直径 0.5 毫米以下。能实现这种细度，是因为铅芯改成以合成树脂和石墨为原料（**树脂铅芯**）。塑形成细细的铅芯烧制并固结后，成品铅芯中的合成树脂会碳化，这样就制成了碳含量接近 100% 的坚固铅芯。制作时混入的合成树脂的量，决定了铅芯的最终硬度。

自动铅笔发明至今已经过去了将近一个世纪，但它仍在不断地进化，让我们在下一节中继续研究自动铅笔吧！

笔芯导管的构造

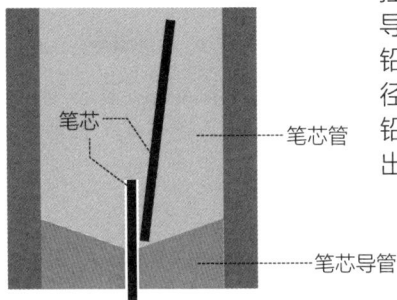

控制自动铅笔连续出芯的笔芯导管被设计为孔径略大于一根铅芯直径，但小于两根铅芯直径的尺寸。如此，自动铅笔的铅芯就能够一根接一根地顺利出来了。

笔芯

笔芯管

笔芯导管

自动铅笔铅芯的制作方法

自动铅笔铅芯的制作方法和普通铅笔芯不同，不是用黏土和石墨混合，而是用合成树脂和石墨混合烧制而成（合成树脂添加越多，铅芯将会越软），并浸入油中保证铅芯顺滑。如此便制成了纤细却不易折断，且写起来顺滑的铅芯。

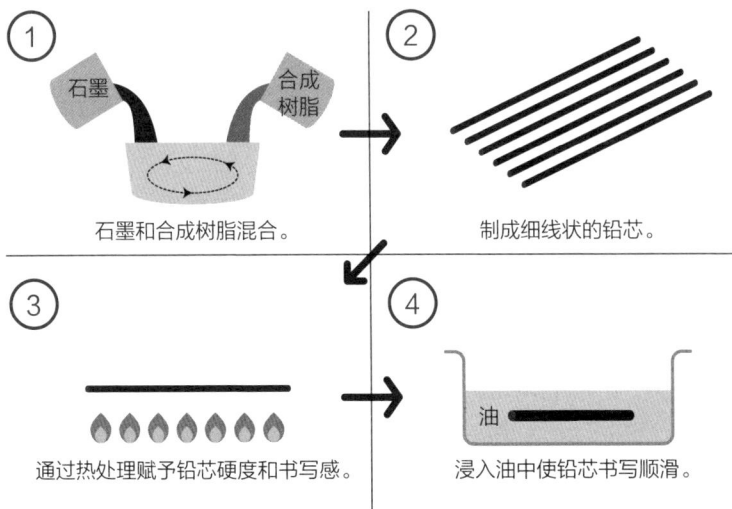

① 石墨　合成树脂

石墨和合成树脂混合。

② 制成细线状的铅芯。

③ 通过热处理赋予铅芯硬度和书写感。

④ 油

浸入油中使铅芯书写顺滑。

高性能自动铅笔
压力与出芯的完美平衡

自动铅笔及铅芯作为日本人的"基本笔记用具",实现了多样的发展。接下来,让我们来看看其发展的一部分吧!

自动铅笔和自动铅芯已被发明出来超过一个世纪了,至今仍有许多令人惊讶的新发展。

百乐公司开发的**摇摇出芯**功能,在自动铅笔的发展过程中留下了浓墨重彩的一笔。带有这种功能的自动铅笔于1978年上市,只要轻轻摇动笔,就能使笔芯甩出一点,其原理是用笔身中重锤的运动代替了按动按钮的动作。

近些年,为回应"带着笔走路时的冲击也会使笔芯甩出"的意见,厂家开发出了有双敲功能的产品。**双敲功能**是指,在用力按动按钮后,笔尖会收回到笔身中的功能,这是与圆珠笔的笔芯伸缩功能的一种结合。这种功能以前用在制图用的自动铅笔上,用于保护笔尖,现在与摇摇出芯功能一体化了。

最近值得大书特书的技术,就是铅芯会在书写时旋转

摇摇出芯的原理

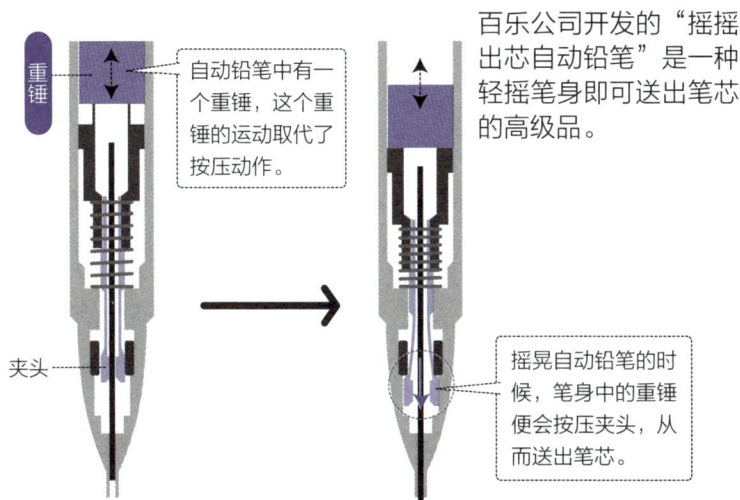

重锤

自动铅笔中有一个重锤，这个重锤的运动取代了按压动作。

夹头

百乐公司开发的"摇摇出芯自动铅笔"是一种轻摇笔身即可送出笔芯的高级品。

摇晃自动铅笔的时候，笔身中的重锤便会按压夹头，从而送出笔芯。

双敲功能的原理

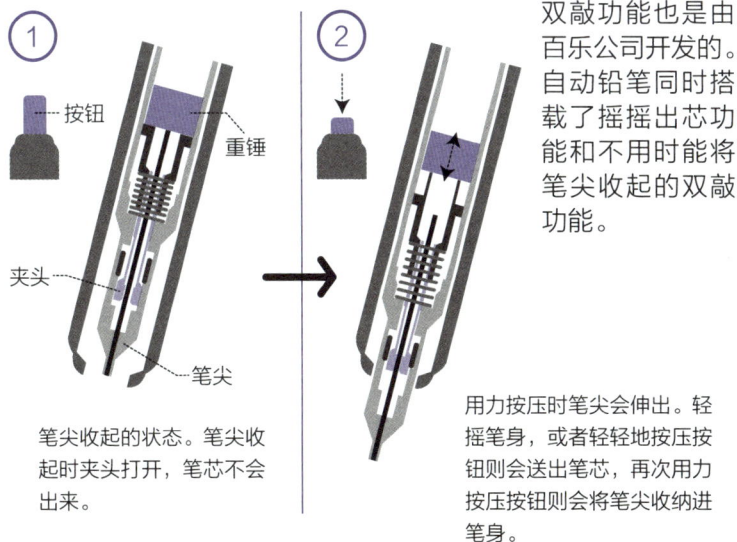

① 按钮

重锤

夹头

笔尖

笔尖收起的状态。笔尖收起时夹头打开，笔芯不会出来。

②

双敲功能也是由百乐公司开发的。自动铅笔同时搭载了摇摇出芯功能和不用时能将笔尖收起的双敲功能。

用力按压时笔尖会伸出。轻摇笔身，或者轻轻地按压按钮则会送出笔芯，再次用力按压按钮则会将笔尖收纳进笔身。

的功能了。这是三菱铅笔公司开发的**笔芯自动旋转铅笔**所具有的功能。这种笔能够在书写中自动旋转铅芯，从而使铅芯在磨损中一直能维持圆锥体的形态，保证使用者能够以固定的粗细和颜色进行书写。

笔芯自动旋转铅笔的笔尖处有上中下三个齿轮，写字时笔压和内部弹簧的弹力配合，从而使与铅芯相连的中间齿轮上下运动。同时，中间齿轮与上下两个固定的齿轮咬合，每次旋转约9度（写40下即旋转一周）。

自动铅芯也在进化。如三菱铅笔公司开发的**三菱纳米钻石铅芯**，这种笔芯是在石墨粒子中均匀添加名为"纳米钻石"的结晶碳制成的。一直以来，铅笔芯中石墨粒子排列过于紧密，这是铅笔书写时产生摩擦的原因，加入了纳米结晶碳后，石墨粒子彼此间的摩擦就会减少，书写时的手感会更顺滑。

另外，派通公司生产的"Ain STEIN"铅芯，其内部形成了硅质的框架结构，从内侧支撑铅芯，从而使铅芯既不容易折断，又有自然的书写体验。

铅芯自动旋转铅笔的构造

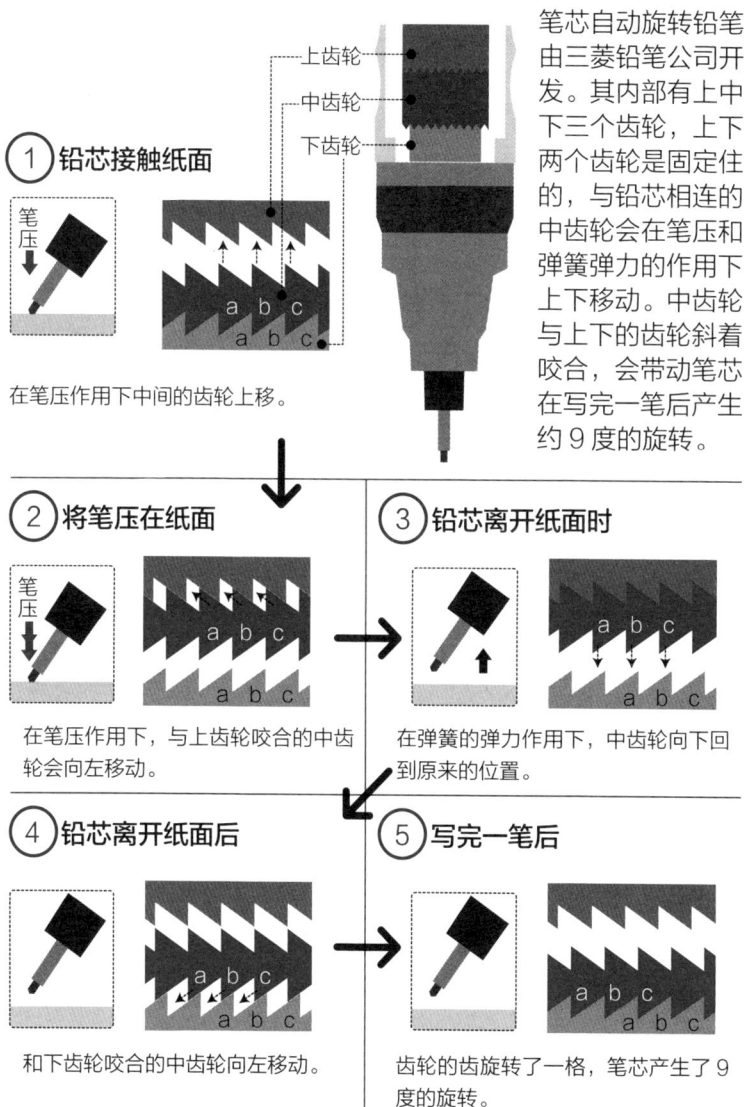

上齿轮
中齿轮
下齿轮

笔芯自动旋转铅笔由三菱铅笔公司开发。其内部有上中下三个齿轮，上下两个齿轮是固定住的，与铅芯相连的中齿轮会在笔压和弹簧弹力的作用下上下移动。中齿轮与上下的齿轮斜着咬合，会带动笔芯在写完一笔后产生约9度的旋转。

① 铅芯接触纸面

笔压

a b c
a b c

在笔压作用下中间的齿轮上移。

② 将笔压在纸面

笔压

a b c
a b c

在笔压作用下，与上齿轮咬合的中齿轮会向左移动。

③ 铅芯离开纸面时

a b c
a b c

在弹簧的弹力作用下，中齿轮向下回到原来的位置。

④ 铅芯离开纸面后

a b c
a b c

和下齿轮咬合的中齿轮向左移动。

⑤ 写完一笔后

a b c
a b c

齿轮的齿旋转了一格，笔芯产生了9度的旋转。

圆珠笔

按压出芯的简单与巧妙

现在，我们很难想象没有圆珠笔的生活将是怎样的。圆珠笔已经深深扎根于我们的生活和工作中。

圆珠笔是在 20 世纪中期由匈牙利人拉迪斯洛·比罗制造出来的，经过半个多世纪的发展，它已经成为文具中的代表产品。

圆珠笔的结构正如其名字所述。墨水附着在旋转的小圆珠上，利用圆珠将墨水转移到纸上，就能实现对文字的书写。

圆珠笔的制作方法十分精细，要将金属棒进行研磨并开出一个小洞，将金属小球置于其中。不到 100 日元（约 5 元人民币）就能买到的圆珠笔中，居然蕴含着这样令人惊叹的精巧技术。

圆珠笔有许多分类的方法，如可按照笔尖形状分为两大类：针管型和子弹型。

针管型圆珠笔的笔尖部分尖细且突出，既方便看到笔

圆珠笔的构造

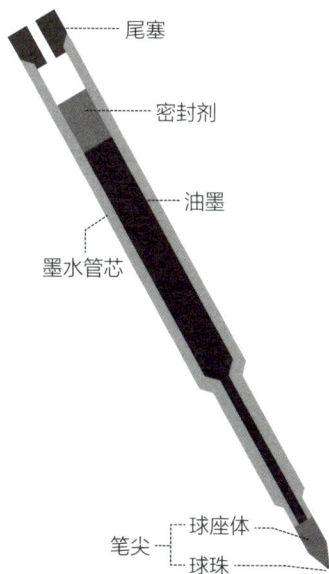

- 尾塞
- 密封剂
- 油墨
- 墨水管芯
- 笔尖 —— 球座体 / 球珠

物如其名，圆珠笔的笔尖嵌有一个小球。笔尖的构造十分精巧，小球旋转时会沾上墨水，然后在纸上移动，便可以写出文字来了。

◎**笔尖结构的放大**

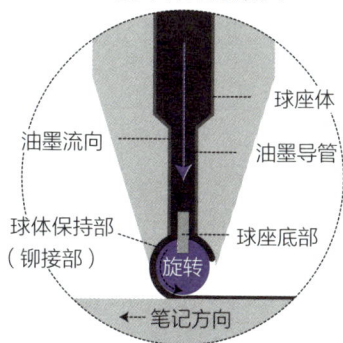

- 球座体
- 油墨流向
- 油墨导管
- 球体保持部（铆接部）
- 球座底部
- 旋转
- ← 笔记方向

针管型和子弹型

◎**针管型**

◎**子弹型**

针管型常用于绘图领域，我们日常生活中常用的是子弹型。

尖，也便于书写，但在笔压过强的时候笔尖很容易弯曲或折断。并且，针管型笔尖也很难承受住坠落的冲击力。

也可按出芯方式对圆珠笔进行分类，对于单色圆珠笔来说，常见的是**笔帽式、按动式和旋转式**三种。旋转式又被称为旋转出芯式，在高级圆珠笔中十分常见。

最常见的圆珠笔出芯方式是按动式。使轴壁固定的齿轮和两枚旋转的齿轮精妙地咬合，便可借助按压与弹簧的弹力使笔尖伸缩。如果没有看懂右边的图解说明，可以找一支透明的按动式圆珠笔来观察。观察圆珠笔实物的运动，我们更能被其构造的精妙所感动。

圆珠笔也可以按照墨水种类来分类。墨水的主要成分为溶剂、色素和定色剂，溶剂的种类有**油性、水性、胶质**，色素的种类可分为**颜料**和**染料**两大类。具体的解释详见第30页。

日语中对于不同油墨种类的圆珠笔的称呼是一样的，但是在美国会将油性圆珠笔称为圆珠笔（ballpoint pen），将水性圆珠笔称为走珠笔（rollerball pen），这种区别也是十分有趣的。

按动式圆珠笔的构造

按压侧齿轮、笔芯侧齿轮和固定齿轮的联动实现了按动式圆珠笔的出芯功能。笔芯侧齿轮在按压时会和中间的固定齿轮产生一个齿的旋转，固定齿轮在每个齿之间都有一个笔芯侧齿轮锁，利用这个结构，笔芯便能实现伸缩。

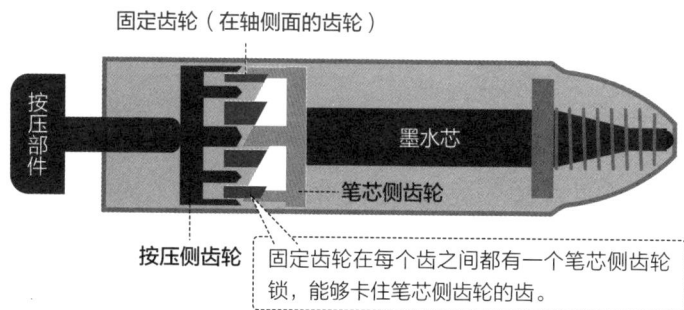

固定齿轮（在轴侧面的齿轮）

按压部件

墨水芯

笔芯侧齿轮

按压侧齿轮

固定齿轮在每个齿之间都有一个笔芯侧齿轮锁，能够卡住笔芯侧齿轮的齿。

按动式圆珠笔出芯的原理

实际的齿轮是圆的，下图是其平面展开后的示意图。图中笔芯侧齿轮的移动，随着每次按压无限循环。

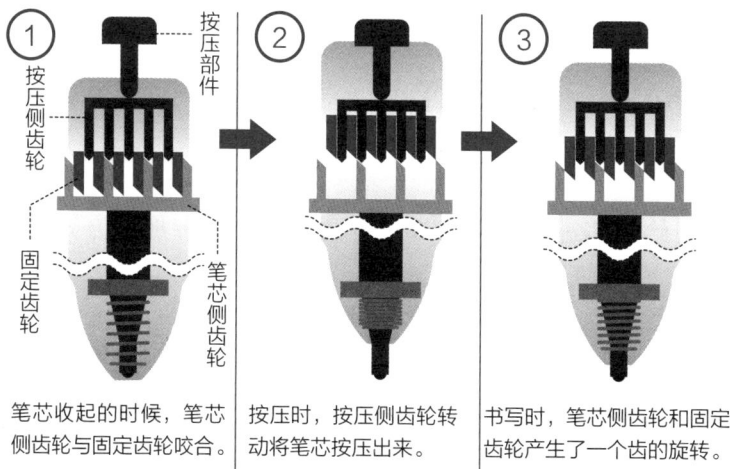

① 按压部件

按压侧齿轮

固定齿轮

笔芯侧齿轮

笔芯收起的时候，笔芯侧齿轮与固定齿轮咬合。

② 按压时，按压侧齿轮转动将笔芯按压出来。

③ 书写时，笔芯侧齿轮和固定齿轮产生了一个齿的旋转。

高性能圆珠笔
气压与多色切换的科技奥秘

圆珠笔有许多不同的进化形态。为了满足多样的使用需求，人们持续追求着圆珠笔的书写便利性。

日本人对圆珠笔永不停歇的开发创造欲望值得人们惊讶，虽说只是小小的一支圆珠笔，其中也凝结着许多技术，让我们来了解其中的几个吧！

例如，**气压圆珠笔**被誉为"能在宇宙中书写的圆珠笔"。一般的圆珠笔是依靠重力使墨水向下流动从而实现连续书写的。在无重力的状态下或者笔尖朝上时，空气就会进入墨水中导致难以持续书写，而气压圆珠笔能够解决这一问题。

给笔芯进行加压的方式有两种，第一种加压方式是在笔芯管中预先封入压缩空气。三菱铅笔公司发售的无重力圆珠笔便属于此类。第二种加压方式是利用按出笔芯时的按压力来送入压缩空气。蜻蜓铅笔公司在售卖时将这种圆珠笔命名为气压圆珠笔。和预先封入压缩空气的圆珠笔不

普通的圆珠笔不能笔尖朝上书写的原因

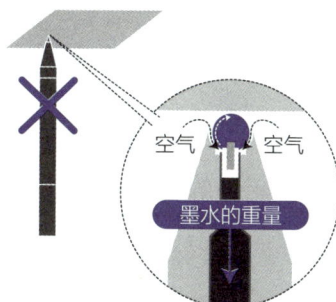

普通的圆珠笔能够书写，是因为重力会使墨水向下流动。因此，普通的圆珠笔在长时间笔身水平书写或者笔尖朝上书写的时候，空气就会进入墨水，导致无法持续写出字来。

◎**笔身水平书写**

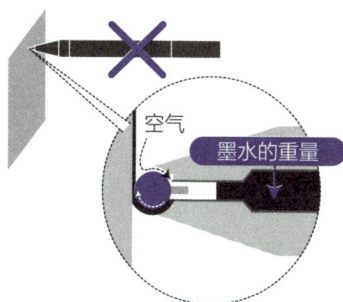

空气

墨水的重量

◎**笔尖朝上书写**

空气　空气

墨水的重量

气压圆珠笔的原理

我们以蜻蜓铅笔公司生产的气压圆珠笔为例来了解其原理。如下图所示，按压时笔中的活塞向下移动，墨水管中的气压将升高。

◎ ON= 加压（按压时）

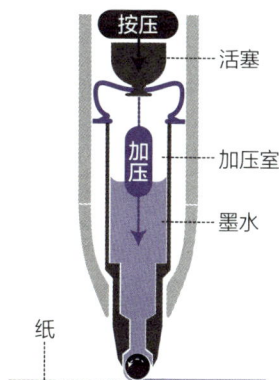

按压

活塞

加压

加压室

墨水

纸

◎ OFF= 不加压（放手时）

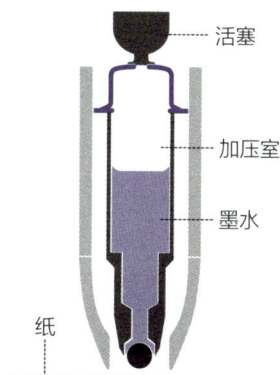

活塞

加压室

墨水

纸

同，按压式的气压圆珠笔不必担心空气可能会漏出。

再来了解一种圆珠笔中的技术吧！在多色圆珠笔的颜色切换方法中，有一种叫作**摆锤式**或**砝码式**的方法。这种笔只要将笔身上的红、蓝、绿等颜色标记朝上，倾斜笔身并按压，就能按压出想要的颜色的笔芯。当特定的标记朝上时，这种笔内部的砝码会因自身的重量而向下移动，从而选中想要的笔芯。

也有如同斑马公司开发的绅宝圆珠笔一样，可以通过反方向旋转笔身上下部分，来转出不同颜色的圆珠笔芯或自动铅笔。这种方式被称为**旋转伸缩式**，本质上是通过在笔筒中放入一个有着斜切面的圆筒来实现的。圆筒中突出的部分，在旋转时可以将笔芯按压出来。

另一个在圆珠笔中的巧思，是能够反映出日本人喜好清洁这一特点的**抗菌圆珠笔**。这种笔的笔身上手握的部分混入或涂上了一层氧化钛、银或是儿茶素等抗菌剂，很适合应用于银行等需要放置公用笔的场所。

摆锤式多功能笔的原理

摆锤式多功能笔利用砝码的自重，从而按出笔芯组中与笔身颜色对应的笔芯。

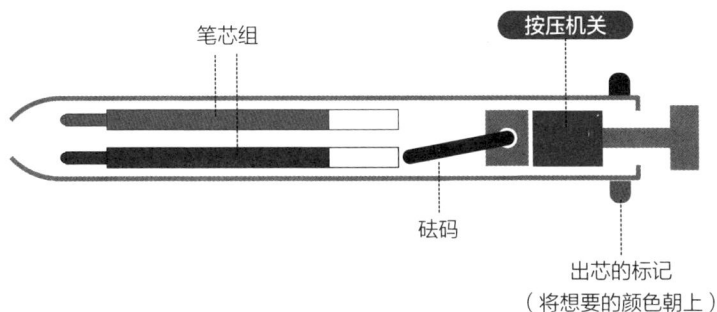

笔芯组

按压机关

砝码

出芯的标记
（将想要的颜色朝上）

旋转伸缩式笔的原理

旋转伸缩式常被用于高级圆珠笔，这种笔的原理十分简单。握住笔身前端，转动笔套或者后端，就能够选择并送出想要的颜色的笔芯。

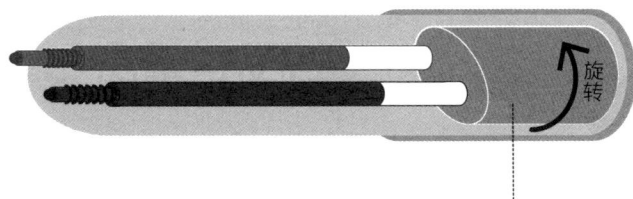

旋
转

带有斜切面的圆筒（旋转时，圆筒突出的部分会将笔芯压出来）

▎中性墨水圆珠笔▎
水与油的完美融合

· ·

圆珠笔的墨水一直以来都被分为"油性"和"水性"两类，近些年来，"中性墨水"圆珠笔也开始受到关注。它究竟是一种怎样的墨水呢？

圆珠笔墨水主要由色素、定色剂和溶剂三种成分组成。**色素**决定墨水的颜色。**定色剂**的功能是将色素固定在纸面上，大多以树脂为材料。**溶剂**的功能是使色素和定色剂溶解混合，使用有机溶剂的墨水被称作**油性墨水**；以水或酒精为溶剂的墨水被称作**水性墨水**；若墨水呈现半液半固的**胶状**，则被称为**凝胶墨水**，也被称为**中性墨水**。

油性圆珠笔的墨水具有防水、笔迹不易洇开的特点。油墨黏性大，因此写字时笔压也会提高，它是使用复写纸时的最佳选择。

水性圆珠笔的墨水能像水一般清爽地流动，轻轻用力就能写出字来，因此很适用于不费力地书写长篇文字，而它的缺点是写出的字很容易渗进纸面洇开。

而中性圆珠笔在写字时，墨水会因笔尖圆珠的旋转而

油性、水性、凝胶墨水的区别

圆珠笔的墨水有油性、水性、凝胶墨水三类，来一起看一下它们的特征吧！

油性墨水

色素
染料（色素） + 油（溶剂） + 树脂

耐水性好，笔迹不容易发生变化，不容易洇开。

水性墨水

染料 + 水（水性染料墨水）

书写顺滑，颜色鲜艳浓重。

颜料 + 水（水性颜料墨水）

书写顺滑，颜色鲜艳，耐水性好。

凝胶墨水

染料 + 水 + 胶化剂

书写顺滑，不易洇开，颜色鲜艳浓重。

颜料 + 水 + 胶化剂

书写顺滑，不易洇开，颜色鲜艳浓重，具有耐水性。

凝胶墨水的特性

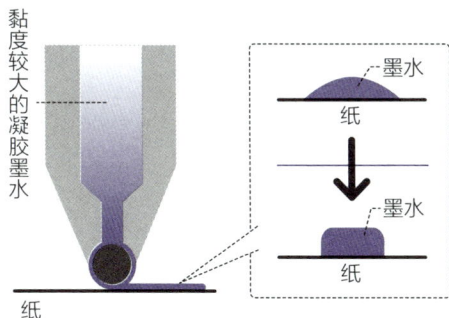

黏度较大的凝胶墨水

墨水
纸

墨水
纸

纸

中性圆珠笔在书写时，笔尖圆珠旋转的力会使墨水的黏度下降，实现顺滑书写。已经被写在纸上的墨水会再度恢复成胶状，黏度升高，减少下渗。

成为像水一般的质地，因此只需要用较轻的力度就能顺滑地书写。而在写完后，墨水又会变回原来黏度较高的凝胶状，从而保证墨水不易洇开。中性圆珠笔同时具有油性圆珠笔和水性圆珠笔的优点，这正是其在市场上受到欢迎的原因。

近年来，**乳剂油墨**也广受消费者欢迎，这种墨水是在油性墨水中混入水性墨水，使其成为所谓的**乳化**状态而制成的。制造厂商斑马公司宣传这种墨水时说："同时具有油性墨水的扎实手感和水性墨水的清爽书写感，实现了至今未有过的顺滑书写体验和颜色鲜明浓厚的笔迹。"

接下来了解一些关于色素的知识吧！决定墨水颜色的色素主要有**染料**和**颜料**两类，染料中的色素会完全溶于溶剂，显色度很高，但书写出来的文字缺乏耐水性和耐光性；颜料中的色素会分散在溶剂中，写出来的字拥有很好的耐水性和耐光性。

再补充一点，三菱铅笔、蜻蜓铅笔、斑马等厂商将墨水一词称为 inku，百乐、派通等厂商则沿用了旧时的名称，将墨水称为 inki。

颜料和染料

决定墨水颜色的色素有颜料和染料两类，我们一起来探索一下它们各自的优缺点吧！

颜料的示意图	染料的示意图

●水性颜料的示意图

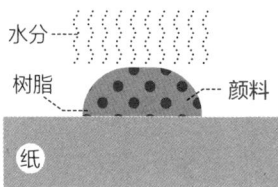

水分 —

树脂 —

颜料

纸

●水性染料墨水的示意图

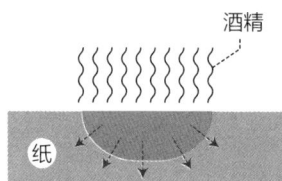

酒精

纸

色素分散在溶剂中，干燥后树脂使颜料附着在纸纤维上，和水性染料相比不易洇开。

色素完全溶解在溶剂中，显色度高，但染料完全渗入纸纤维中，容易洇开。

兼取油性和水性墨水之长的乳剂油墨

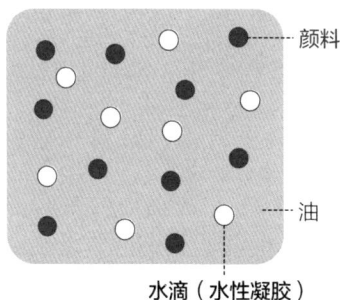

颜料

油

水滴（水性凝胶）

左图为乳剂油墨的示意图。在油性墨水中混入水性墨水，使墨水成为乳化状态。这样就制成了兼具油性墨水"扎实的书写感"和水性墨水"清爽连续的书写感"的墨水。

可擦式圆珠笔
温度改变字迹的神奇原理

可擦式圆珠笔的字迹可以被擦除，颠覆了"圆珠笔写的字擦不掉"的常识，在西方也十分受欢迎。

　　和铅笔相比，圆珠笔最大的缺点就是字迹无法被擦除。但百乐公司开发的"可擦式圆珠笔"打破了这一旧有的常识。这种笔只要用笔端自带的橡胶擦拭笔迹，写出的文字就可以被擦除。笔迹可以被橡胶擦除的秘密在于利用了擦拭时产生的摩擦热，墨水中的成分在摩擦热的作用下发生变化，字迹便褪去了。

　　这种墨水的颜料实际上是由**隐色染料**、**显色剂**和**变色温度调整剂**组成的微胶囊。在这个胶囊中，原本无色的隐色染料和显色剂结合显色。但在受到摩擦，温度升至 60℃以上时，变色温度调整剂便会起效，将隐色染料和显色剂的结合切断，使染料变为原来的无色。这便是可擦除墨水的工作原理了。

　　若使用这种墨水进行书写，在环境温度超过 60℃时，

文字消失的原理

可擦式圆珠笔能够将写出的字迹擦除的秘密在于，它利用了橡胶在擦拭时产生的摩擦热。当温度上升到 60℃ 以上时，显色的隐色染料就会变为原来的无色。

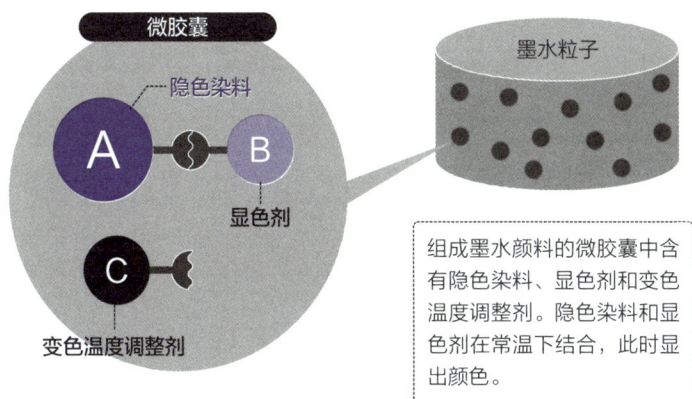

常温

组成墨水颜料的微胶囊中含有隐色染料、显色剂和变色温度调整剂。隐色染料和显色剂在常温下结合，此时显出颜色。

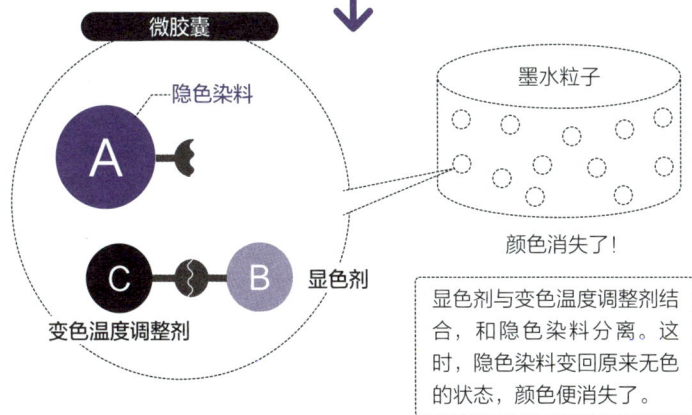

摩擦加热

颜色消失了！

显色剂与变色温度调整剂结合，和隐色染料分离。这时，隐色染料变回原来无色的状态，颜色便消失了。

写出来的文字就会消失了。但是，在 –10℃时，已经被擦除的文字又可复原。例如，在热乎乎的便当盒上放一会儿，写出来的文字就会消失。但是，在冰激凌的盒子上放一会儿，文字就会再度出现。

开发出可擦式墨水的文具厂商百乐将其称为 Frixion 墨水。可擦除墨水在被运用于圆珠笔之前就已大显身手，**复写卡**便是其中代表。药妆店中使用的会员积分卡有**银卡**和**隐色染料卡**两类。隐色染料卡颜色更丰富，更容易进行个性化设计，这种卡片的表面涂有隐色染料和显色剂，加热后急冷即可使隐色染料和显色剂结合显色。当缓慢加热时，显色剂和染料分离，颜色消失。如此便实现了文字的写入和擦除。

在购物小票和银行汇款用纸等热感纸和无碳复写纸中（238 页），也常用到隐色染料的显色技术。

消失的文字在低温下便会"复活"！

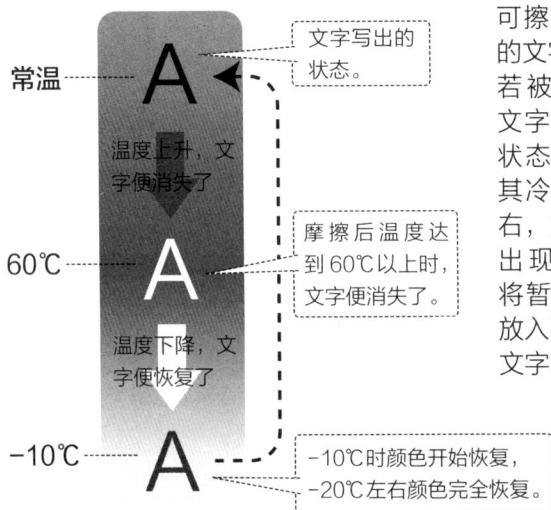

常温 ——— A

文字写出的状态。

温度上升，文字便消失了

60℃ ——— A

摩擦后温度达到60℃以上时，文字便消失了。

温度下降，文字便恢复了

−10℃ ……… A

−10℃时颜色开始恢复，−20℃左右颜色完全恢复。

可擦式圆珠笔写出的文字在被擦除后，若被置于常温中，文字会保持消失的状态，但是，若将其冷却至−20℃左右，文字就会重新出现。也就是说，将暂时消失的文字放入冰箱冷冻层中，文字就会重新出现。

利用了隐色染料的复写卡

隐色染料在我们身边受到广泛应用，其中一例便是复写卡。我们可以通过控制温度的高低、加热的缓急来对这种卡片进行写入和擦除。

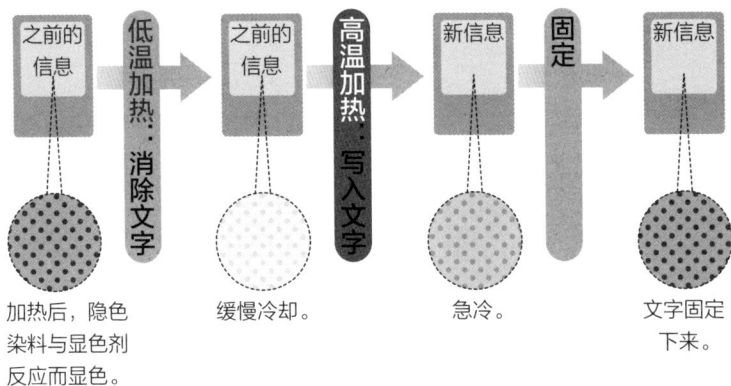

| 之前的信息 | 低温加热：消除文字 | 之前的信息 | 高温加热：写入文字 | 新信息 | 固定 | 新信息 |

加热后，隐色染料与显色剂反应而显色。

缓慢冷却。

急冷。

文字固定下来。

|钢笔|
毛细现象与墨水的优雅结合

在数字时代，真正用笔进行书写的场合变少了。在难得的书写机会中，想要使用钢笔的人越来越多。

直到昭和❶中期，在入学仪式上送钢笔给学生还是一个固定的环节。但在智能手机蓬勃发展的现代，这一固定环节几乎绝迹。我们已经从"写字"的时代进入了"打字"的时代。由打出来的文字组成的文章虽然冰冷乏味，但是若要我们舍弃文字处理器和邮件，完全手写一篇文章，早已变得不可能了。在此背景下，出于"起码要亲手签名"的想法，有很多人开始使用钢笔签名。钢笔写出来的文字具有别的笔写不出的温度和个性。

钢笔的起源可追溯到古代埃及。据说，将芦苇的茎斜着切下，然后将尖端竖切而制成的**芦苇笔**是钢笔的祖先。这种笔利用了**毛细现象**，在这一现象的作用下，墨水会沿

---

❶ 日本昭和时代，指 1926—1989 年。

钢笔零件的名称和作用

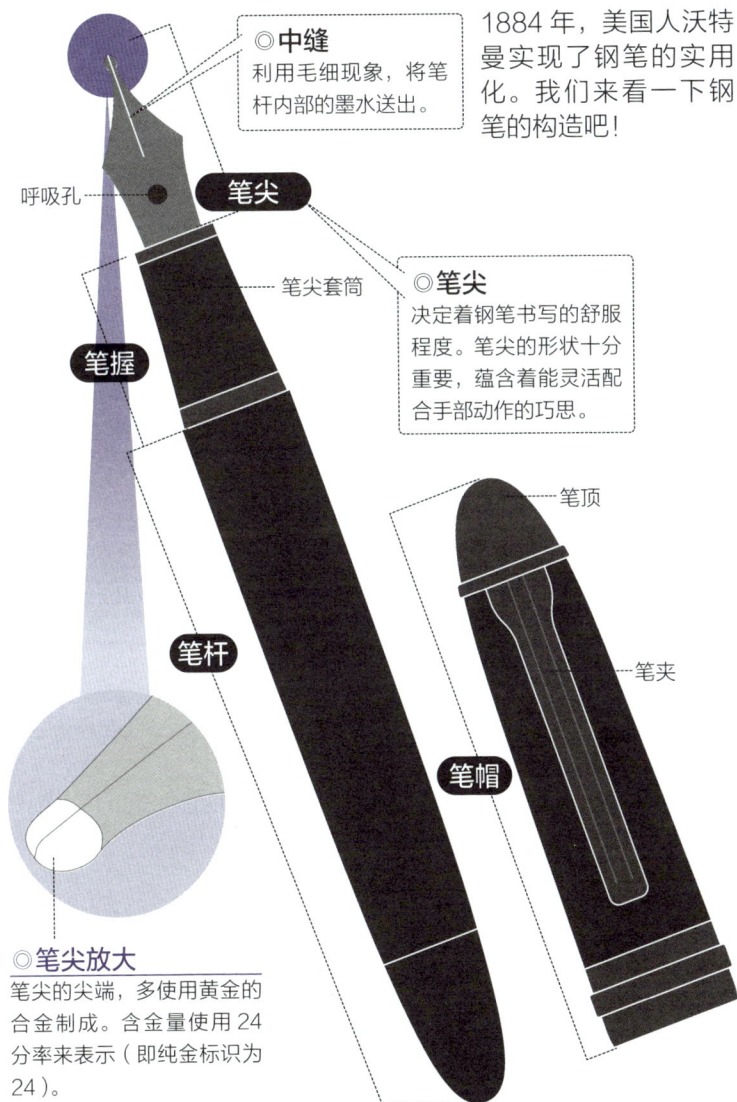

◎中缝
利用毛细现象，将笔杆内部的墨水送出。

1884 年，美国人沃特曼实现了钢笔的实用化。我们来看一下钢笔的构造吧！

呼吸孔

笔尖

笔尖套筒

◎笔尖
决定着钢笔书写的舒服程度。笔尖的形状十分重要，蕴含着能灵活配合手部动作的巧思。

笔握

笔顶

笔夹

笔杆

笔帽

◎笔尖放大
笔尖的尖端，多使用黄金的合金制成。含金量使用 24 分率来表示（即纯金标识为 24）。

着切开的缝隙被吸上来。

芦苇笔在 7 世纪进化为**羽毛笔**，随后羽毛被金属代替，进一步进化为以墨囊为内胆的钢笔。钢笔利用毛细现象，能够从墨囊到笔尖一点点稳定地输出墨水。

决定钢笔书写手感的是笔尖的形状与笔尖尖端，笔尖形状之所以重要，是因为书写时笔尖会因笔压而变形。笔尖正中央有一个被称为**呼吸孔**的洞，这不是装饰，而是能够缓冲笔尖变形的特殊设计。

笔尖尖端，通常用黄金的某种合金制成。"18K 金的钢笔"中的"18K"，表示的就是笔尖中黄金的纯度。黄金的纯度通常用**24 分率**来表示，24K 指的就是纯金，和时间的计算相同，24 即为 100%。

钢笔的上墨方式大致有**墨囊式**、**上墨器式**和**活塞式**。墨囊式上墨在便利性上略胜一筹，但是注重传统的欧洲产钢笔多采用活塞式上墨（旋转式）。

在使用钢笔时应首要注意的是墨水的堵塞问题，如果暂时不用了，一定要将钢笔的墨水挤出，把笔完全洗净并吸干水分。

毛细现象的原理

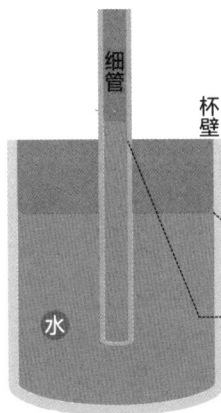

钢笔之所以能够将墨水输送到笔尖，是因为其巧妙地利用了"毛细现象"，这一现象能够使水渗透细管或缝隙。例如，我们观察玻璃杯中的水，就会发现水面略微沿杯壁爬升了一点。这是因为玻璃和水分子之间具有引力（即分子间作用力），导致了毛细现象的产生。

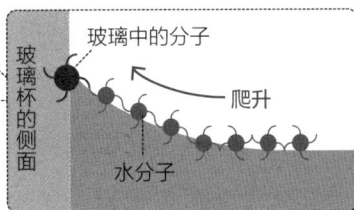

细管

杯壁

水

玻璃杯的侧面

玻璃中的分子

爬升

水分子

钢笔出墨的原理

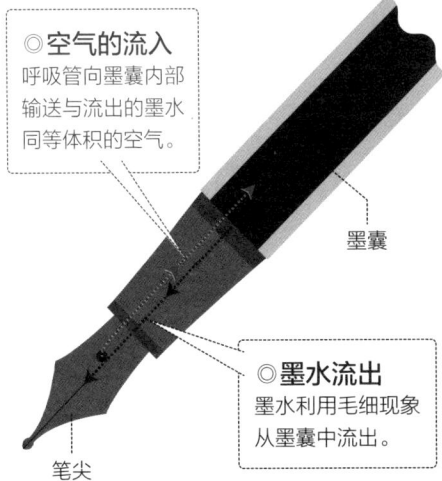

◎空气的流入
呼吸管向墨囊内部输送与流出的墨水同等体积的空气。

墨囊

◎墨水流出
墨水利用毛细现象从墨囊中流出。

笔尖

为了让毛细现象在钢笔工作时更好地发挥作用，人们花了很多心思。其中之一就是呼吸管的存在。在墨水利用毛细现象流出的同时，空气通过呼吸管进入墨囊。这和在酱油壶上开小洞的原因是一样的。如果没有空气输送，墨水就无法顺利流出。

蓝黑墨水
化学反应的色彩魔法

对于钢笔迷来说，有一种令他们迷恋不已的墨水，那就是随着时间流逝颜色逐渐变得黑亮的蓝黑墨水。

现在，市面上有着各种各样的钢笔用墨水。但是，在大约半个世纪以前，提起钢笔用的墨水，就是专指**蓝黑墨水**。蓝黑墨水又被称为**古典墨水**、**鞣酸铁墨水**，这种墨水在干燥后会因阳光和湿气而产生些微变色，防水性也较高，十分适合用于书写需要保存的文件。

蓝黑墨水中的"主角"是铁，要理解这种墨水的显色原理，还需要先了解一些化学知识。铁这种元素有着复杂的性质，在化学上是一种十分独特的金属元素。

墨水瓶中的铁是失去了两个电子的**二价铁离子**，在被写到纸上后，二价铁离子与空气中的氧结合成为**三价铁离子**（失去了三个电子的铁离子）。三价铁离子与墨水中的单宁结合，就变成了化学性质很稳定的黑色物质，这便是墨水字迹颜色的真正面目。

蓝黑墨水的原理

现在可以买到各种钢笔墨水，但在过去，蓝黑墨水才是主流。随着时间的推移，蓝黑墨水的颜色会逐渐从蓝色变成黑色。

① 蓝黑墨水　② 空气中的氧气　③ 变黑

刚写出的字迹是蓝色色素的颜色

呈现蓝黑色的成分是二价铁离子、单宁和蓝色色素。二价铁离子的颜色较浅，因此墨水需要加入一些蓝色色素。

写字时，二价铁离子和氧结合而成为三价铁离子。

三价铁离子和墨水中的单宁结合，使字迹变黑。

蓝黑墨水的制法

蓝黑墨水又被称作没食子墨水。这是因为人们过去从壳斗科树木产生的虫瘿"没食子"中提取单宁。

① ② ③

铁粉　没食子

蓝色染料

水

火 ◊◊◊◊

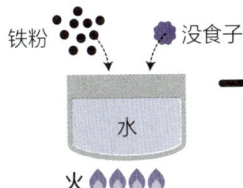

将没食子与铁粉充分熬煮，取澄清后的上层淡蓝色液体。

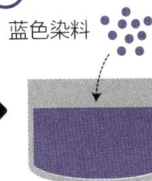

现在的液体颜色还很浅，所以追加蓝色染料（这是临时的颜色）。

制成墨水成品。干燥后，墨水字迹就会不易变色、耐水性高。

顺便一说，单宁（tannin）的英文是从 tan（鞣皮）一词引申来的，单宁有许多不同的种类，其中最被人熟知的是茶和红酒中含有单宁。日本记录医药标准的书籍《日本药典》中规定单宁为从没食子或五倍子中提取出的成分。

没食子为壳斗科树木受到蜂产卵的刺激而形成的虫瘿，蓝黑墨水中所使用的单宁又被称为**没食子酸**，是因为在过去，单宁就是从这种虫瘿中提取的。蓝黑墨水又被称为没食子墨水，也正因为此。

《日本药典》中另一种单宁的来源是**五倍子**，那么五倍子是什么呢？它也是一种虫瘿，是蚜虫寄生在漆树科的树上形成的。"**黑齿**"染料便是使用五倍子和铁制成的。在欧洲被发明出来的蓝黑墨水和日本一直到昭和初期都还在使用的黑齿染料，这两种物品的制作方法竟然如此相似，确实很有趣。

用蓝黑墨水写错了的文字，可以利用消字灵（68页）进行消除。

染黑齿的方法

蓝黑墨水和黑齿染料的化学反应原理基本相同。黑齿染料利用的是漆树科的树上长的虫瘿五倍子。

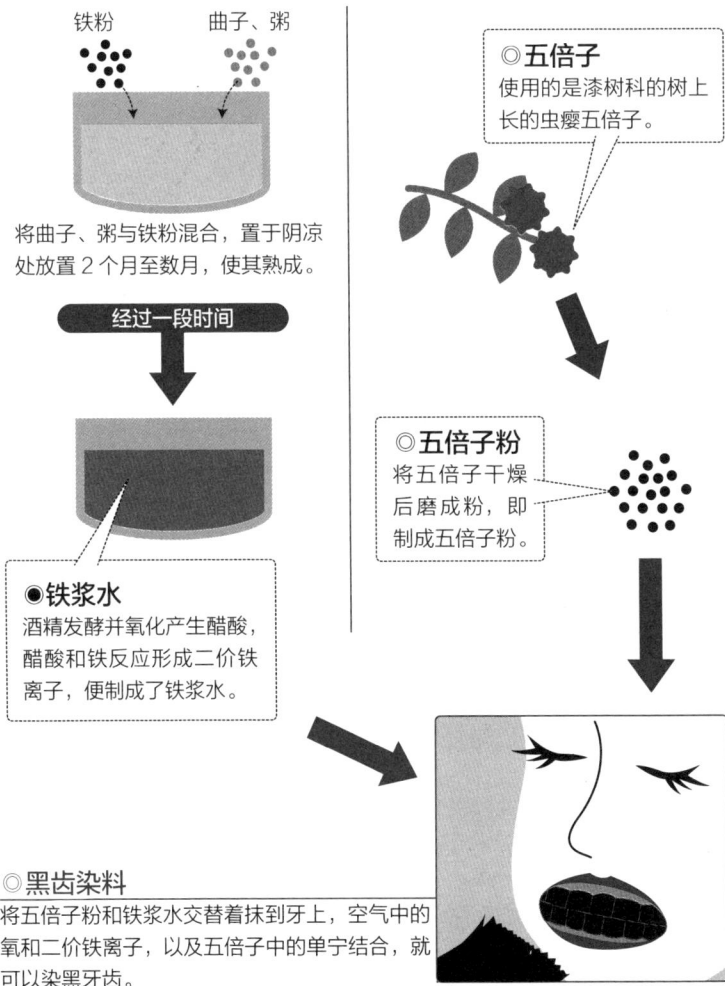

铁粉　　　曲子、粥

将曲子、粥与铁粉混合，置于阴凉处放置 2 个月至数月，使其熟成。

经过一段时间

●铁浆水
酒精发酵并氧化产生醋酸，醋酸和铁反应形成二价铁离子，便制成了铁浆水。

◎五倍子
使用的是漆树科的树上长的虫瘿五倍子。

◎五倍子粉
将五倍子干燥后磨成粉，即制成五倍子粉。

◎黑齿染料
将五倍子粉和铁浆水交替着抹到牙上，空气中的氧和二价铁离子，以及五倍子中的单宁结合，就可以染黑牙齿。

|毡头笔|
纤维与墨水的奇妙组合

因为容易书写且能够写在任何物体表面而被称为"魔术"的"魔术墨水笔（magic ink）"，是日本毡头笔的始祖。

　　笔尖由毛毡或纤维芯制成的笔通常被称为**毡头笔**，日本最早的毡头笔诞生于 1953 年，其被称为**魔术墨水笔**。这种笔不仅能在纸上书写，还能在玻璃、金属、布、皮、木材和陶器等几乎所有材质的物体上书写，且可以速干，很难被擦掉，是一种打破了当时人们的文具常识的"魔术"笔。

　　魔术墨水笔使用的是油性油墨，与此相对的，还有一类使用水性油墨的毡头笔，其代表产品就是**签字笔**。"签字笔"虽然是派通公司申请的商标，但是人们基本上把所有类似的水性毡头笔都称作签字笔，"签字笔"早已成为一个普通的名词了。

　　毡头笔的构造十分简单，就是利用毛毡的毛细现象让墨水渗出。墨水渗出的方式有**直液式**和**储水芯式**两种，直液式就是在笔的墨水室中直接储存液体墨水，储水芯式是

直液式和储水芯式

毡头笔分为"直液式"和"储水芯式"。直液式根据墨水向笔尖输送的方式不同，有波纹管式和阀门式。直液式的优点是可以知道墨水的余量（在墨管透明的情况下），并且墨水可以一直使用到最后。

直液式

◎波纹管式

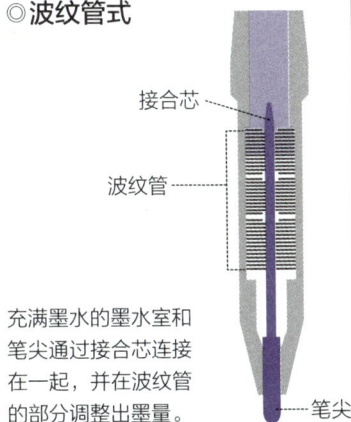

接合芯

波纹管

充满墨水的墨水室和笔尖通过接合芯连接在一起，并在波纹管的部分调整出墨量。

笔尖

◎阀门式

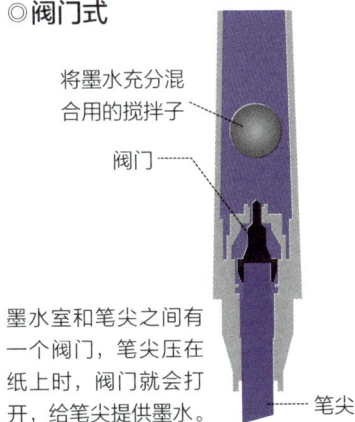

将墨水充分混合用的搅拌子

阀门

墨水室和笔尖之间有一个阀门，笔尖压在纸上时，阀门就会打开，给笔尖提供墨水。

笔尖

储水芯式

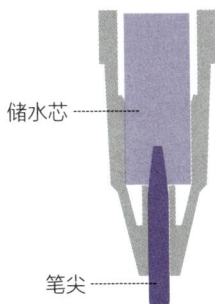

储水芯

笔尖

因为笔尖纤维比储水芯的纤维更细小，毛细现象的效果会更强（这被称为"注林定律"），由此实现了这样的设计。

在墨管中塞入纤维芯，并使墨水完全浸透纤维。

虽然毛细现象能够将墨水吸出，但这种吸力也是有限的。当墨水减少、墨管中气压下降时，墨水就无法流出了。为了避免这种情况发生，储水芯式笔的笔身部分必须要设计有小凹槽或小孔，用以调整笔内的气压。

储水芯式的笔，笔尖和墨管都由纤维质材料构成，到底怎样才能使墨水从储水芯流向笔尖呢？这里利用的是**注林定律**，即缝隙中的液体会被吸往更狭窄的一边。储水芯式的笔中，笔尖所使用的纤维比储水芯内纤维的密度更高，这样就保证了储水芯中的墨水能够被吸引到笔尖上。

这一原理也被应用在吸汗性好的内衣和运动服中。这类衣服使用的布料内侧纤维稀疏，外侧纤维紧密，使得汗液能够在注林定律的作用下迅速被吸到外侧布料上并蒸发，以保证内侧布料始终干爽。

笔尖上"谜之小孔"的真相

让我们仔细观察一下笔尖。储水芯式的笔在笔身上设计有透气的小凹槽和小孔。这是为了使笔内部的压力与外部（笔帽内）的压力相等而采取的措施。

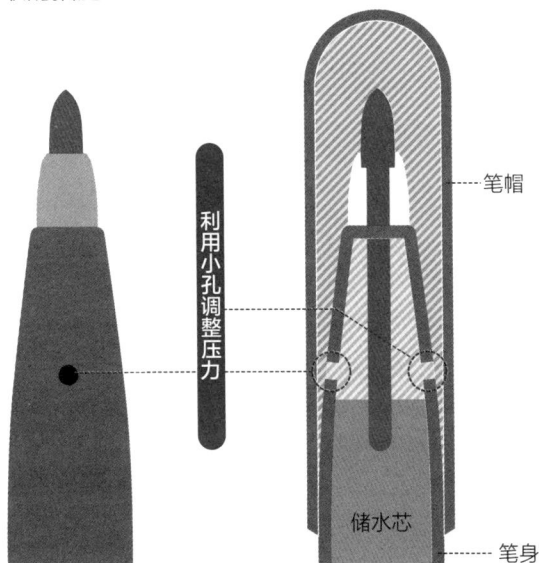

利用小孔调整压力

笔帽

储水芯

笔身

储水芯式的笔利用了注林定律

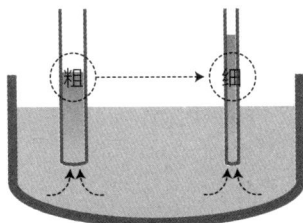

毛细现象的强度

弱　　　　　　　　　　强

粗　　细

毛细现象的强度，即液面上升的高度，与管径成反比。储水芯式的笔就利用了这个注林定律。

|荧光笔|
荧光染料的科学魅力

荧光笔于 20 世纪 70 年代初期被研发出来，现在已经成为一种很有人气的商品，很多人的笔盒里都有一支。

上市之初，荧光笔因墨水颜色鲜艳而又有着透明感，给人们留下了十分深刻的印象。自上市之后，荧光笔已经成了人们笔盒中必备的经典商品。

荧光笔的墨水为什么看起来像在发光？这是因为这种墨水中含有**荧光物质**。荧光物质是一种吸收了外界的光后，能将其变为某种固定颜色而发光的物质，这种物质发出的光被称为**荧光**。荧光笔的墨水看起来十分明亮，正是这种荧光增加了墨水的发光感。

在我们的身边，荧光物质还被应用于荧光灯上。荧光物质被涂在荧光管的内侧，将灯管中放射出的紫外线转换为可视光。

LED 灯中也用到了荧光物质。LED 灯中用的是蓝色发光二极管，常见的 LED 灯中，荧光物质吸收了一部分蓝色

荧光物质发光的原理

在光线照射下发生跃迁的电子，要稍微释放出一些能量从而回到原来的状态，这时发出的光就是荧光。让我们来看看荧光物质发光的原理吧。

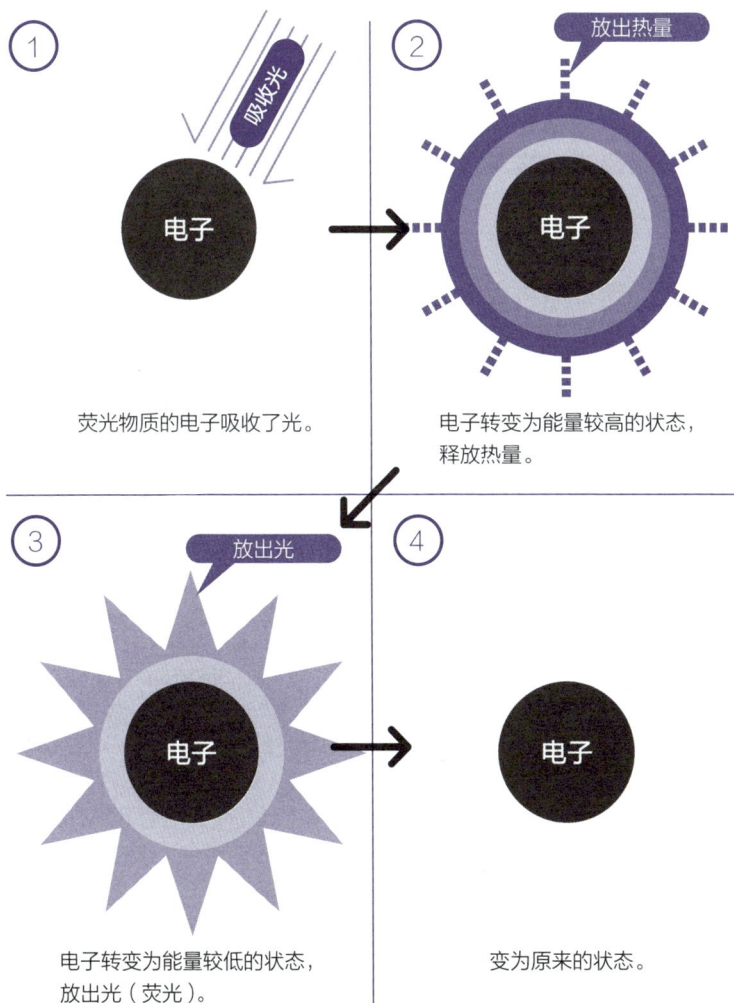

①

吸收光

电子

荧光物质的电子吸收了光。

②

放出热量

电子

电子转变为能量较高的状态，释放热量。

③

放出光

电子

电子转变为能量较低的状态，放出光（荧光）。

④

电子

变为原来的状态。

的光，并将其变为黄色的光，黄光和原来的蓝光混合，使LED 灯发出白光。

很多人看到荧光一词，便联想到了萤火虫，因此误以为荧光物质能够自己发光。实际上，荧光物质不能够自己发光。而且，含有荧光物质的涂料被称为**荧光涂料**，人们也容易将其与**夜光涂料**混淆。夜光涂料是用于储蓄光的（**蓄光**），被涂了夜光涂料的地方因为储蓄了光，即便在黑暗环境中也能发光，这种涂料因被用在手表的表盘上而被人们熟知。

荧光笔画过的地方，笔迹下的文字仍能被看到，这是因为和签字笔相比，荧光笔墨水中的颜料或染料的量很少。这和薄涂水彩后仍能看到画纸纹理是同样的道理。

那么，容易与荧光混淆的"萤火虫的光"到底是怎样的光呢？萤火虫的光被称为**"生物发光"**，和新一代电视机面板中用到的著名的有机 EL（电致发光）原理相似。某些物质在接收到电或化学能量后，会将其转化为特定的光，这种现象被称为**发光现象**，萤火虫便是在体内合成了这样的物质。

荧光笔的墨水发光的原理

下面我们来了解一下普通墨水和荧光笔墨水的区别。荧光笔的墨水之所以令人感觉明亮，是因为它除了反射光，还获得了荧光的帮助。

◎普通的黄色墨水

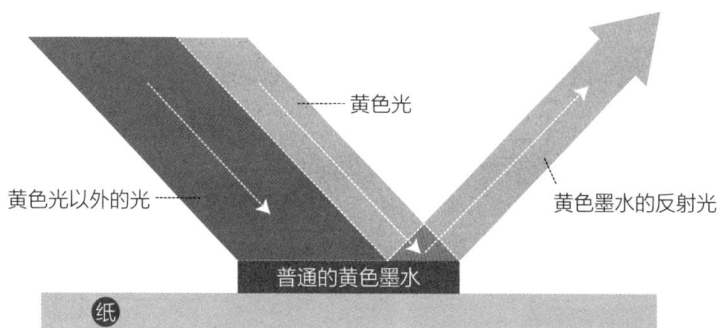

黄色光

黄色光以外的光

黄色墨水的反射光

普通的黄色墨水

纸

◎黄色荧光笔的墨水

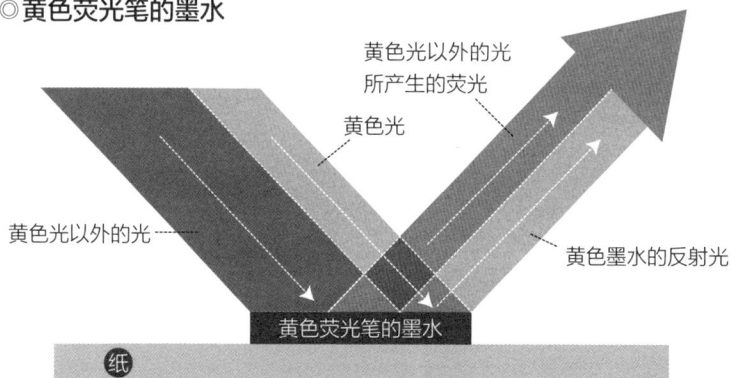

黄色光以外的光
所产生的荧光

黄色光

黄色光以外的光

黄色墨水的反射光

黄色荧光笔的墨水

纸

专栏

文具与文房具 ❶

· ·

　　在互联网进行搜索时，"文具店"和"文房具店"是同一个意思。从这个例子可以看出，"文具"和"文房具"一般不区分使用。但是文具和文房具的原本意思是不同的。并不是"文具是文房具的简写"这么简单。

　　"文房"是中国古代官职的名字，但从近代开始，"文房"的意思变为指读书、写作的房间，也就是"书房"。书房中用的工具就是文房具。

　　与此相对，文具的意思只是"作文章的工具"。也就是说，文具并不局限于书房里使用的工具。虽然最终都是指相同的东西，但文房具似乎更具有历史的味道。

　　中国有"文房四宝"的说法，指的是笔、墨、纸、砚，是在书房进行写作时最基本的文具。

---

❶ 日语中"文具"和"文房具"两个词都可以表示文具，作者在此进行了词源的解释。

第二章

修正与粘贴
让错误消失的科学

|橡皮|
摩擦力的神奇力量

虽然橡皮中有个"橡"字，但现在的橡皮大都不是橡胶制的，而是塑胶制的。话说回来，为什么橡皮能够擦掉铅笔字呢？

据说，橡皮最早是 1772 年在伦敦被商品化的。另外，石墨在 1564 年被发现，不久后人们把它夹在木杆里，制成了铅笔。从发现铅笔到发现橡皮中间隔了很多年。也就是说，人类发现最佳组合需要花费很长时间。

那么，橡皮为什么能够擦掉铅笔字呢？其中的秘密在于石墨粒子和纸的关系。铅笔在纸上写出点或线，石墨粉末只是附着在纸的表面，因此只要利用摩擦使粉末脱落，字就会消失。但是，只靠摩擦是不会使字消失的，因为那样会导致粉末在纸张上扩散。而橡皮能够卷起石墨粉末，并将其收集在一起，成为橡皮屑。这就是橡皮能够擦掉铅笔字的原因。

近年来生产的橡皮多是塑胶制成的，塑胶比橡胶的擦除效果更好，因此塑胶橡皮的市场份额急速扩大。能够消

橡皮能擦掉铅笔字的原理

橡皮擦掉纸上写着的铅笔字迹和墨水字迹的机制是不同的，对于铅笔字而言，是橡皮带走了纸上的石墨；对于墨水字迹而言，是橡皮把纸的纤维直接刮掉了。

◎擦铅笔字迹

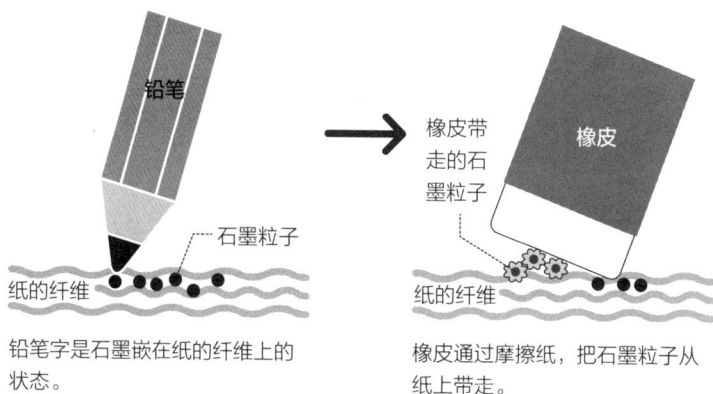

铅笔字是石墨嵌在纸的纤维上的状态。

橡皮通过摩擦纸，把石墨粒子从纸上带走。

◎擦墨水字迹

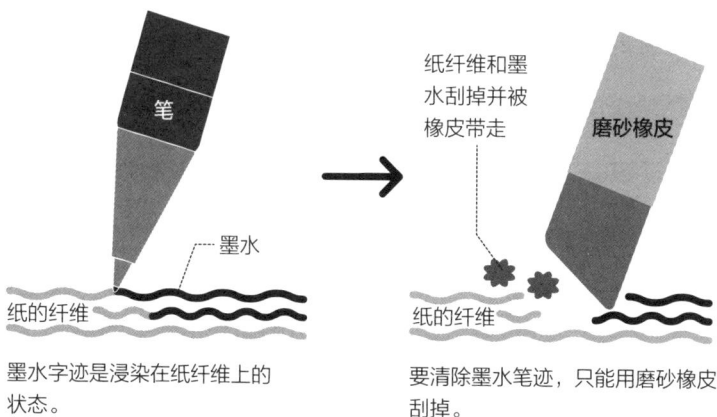

墨水字迹是浸染在纸纤维上的状态。

要清除墨水笔迹，只能用磨砂橡皮刮掉。

去铅笔字的橡胶和塑胶被统称为**消字用品**，不过还是"橡皮"这一称呼更加令人耳熟能详。

59 页的图片展示了塑胶橡皮的制作方法，值得注意的是，这种橡皮的成品需要被分别单独放进纸盒里，因为塑胶橡皮一旦相互接触，塑胶就会重新结合在一起。

正如大家所知，用墨水写出的文字无法被一般的橡皮擦掉，因为墨水字迹已经渗入纸的纤维当中。要想消除墨水笔迹，需要用到**磨砂橡皮**。这种橡皮利用橡胶中含有的砂，可以把渗入纸张的墨水从纸上刮下来。最近，这种橡皮因为比修正液和修正带更便于使用而人气大增。

近年来，橡皮上也开始出现各种各样的工艺。例如，有一种被命名为"多方角橡皮"的橡皮，使用多次仍能用新的棱角去擦，很适合用来擦除细微之处。还有一种被叫作"黑橡皮"的产品，用黑色的塑胶制成，橡皮的脏污部分不显眼，看起来很干净，而且留在纸面上的橡皮屑也是黑色的，很显眼，也容易被收拾干净。

塑胶橡皮的制作方法

让我们来看看塑胶橡皮的制作方法吧！塑胶橡皮被放进纸盒，是为了避免塑胶重新结合在一起。

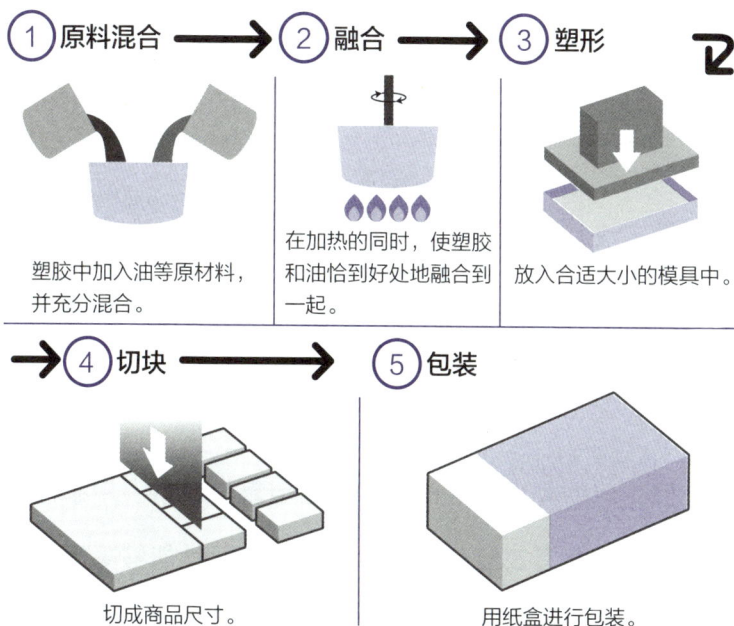

1. **原料混合** ➡

塑胶中加入油等原材料，并充分混合。

2. **融合** ➡

在加热的同时，使塑胶和油恰到好处地融合到一起。

3. **塑形**

放入合适大小的模具中。

➡ 4. **切块** ➡

切成商品尺寸。

5. **包装**

用纸盒进行包装。

橡皮包装纸上有缺口的原因

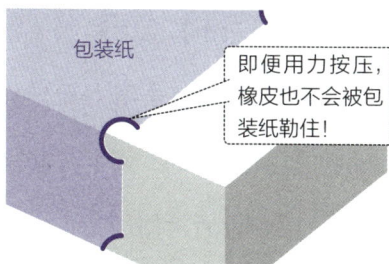

包装纸

即便用力按压，橡皮也不会被包装纸勒住！

以蜻蜓铅笔公司生产的橡皮为首创，有的橡皮包装纸上会有小缺口。这是为防止在用力按压橡皮时，橡皮被勒进包装纸中而做出的设计。

修正液
液体变固体的化学魔术

修正液可以方便地遮盖圆珠笔写下的字迹。修正液中呈现白色的物质，是防晒霜中也会用到的二氧化钛。

　　修正液是一种可修改墨水字迹和图画的便利商品，在刚上市时，修正液多是用刷毛刷掉需要修改的地方，但现在常见的修正液都是笔形的。此外，带形的（64页）也十分有人气。

　　修正液的成分包括作为溶剂的**甲基环己烷**、用来遮掉字迹的白色颜料**二氧化钛**，还有使二氧化钛能够凝固在纸上的固着剂**丙烯酸树脂**。作为白色颜料的二氧化钛很重，将修正液静置一段时间后，颜料就会和溶剂分离并沉在容器底部，导致容器上部只剩下透明的溶剂，没法再用来遮盖字迹。当遇到这种情况，使用前就需要盖上盖子用力摇晃均匀。笔形的修正液中会有一个辅助搅拌的小球，因此晃起来会有咔嗒咔嗒的响声，请记得充分摇匀以后再使用哦！

　　在使用修正液时需要注意所使用的墨水和修正液是否

修正液的制作方法

白色粉末的主要成分是二氧化钛，利用二氧化钛的白色可以将纸上的字迹遮住。溶剂要用到能够速干的物质，较常用的是甲基环己烷。树脂是用来干燥后把白色粉末固定在纸上的，常用的是丙烯酸树脂。

白色粉末
（主要成分是
二氧化钛）

树脂

溶剂

笔形修正液的原理

笔形修正液中的二氧化钛很难与溶剂混合，因此在修正液中放入了小球来帮助它们充分搅拌均匀。这就是我们使用修正液前要摇晃它的原因。

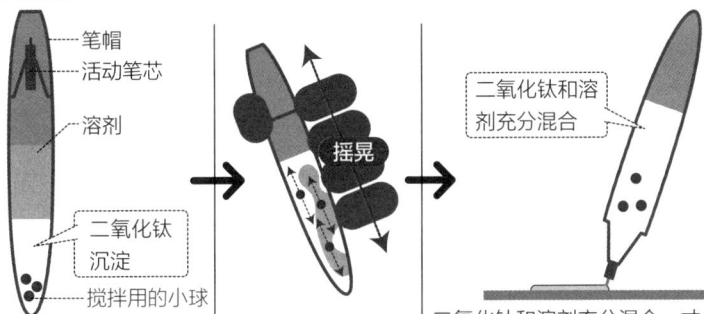

笔帽
活动笔芯

溶剂

二氧化钛
沉淀

搅拌用的小球

摇晃

二氧化钛和溶
剂充分混合

在一段时间没有使用的修正液笔中，二氧化钛会沉淀。如果就这样直接使用，二氧化钛和溶剂并未混合，就无法消除文字。

摇晃修正液笔，小球充分搅拌溶剂和二氧化钛。

二氧化钛和溶剂充分混合，才能够完美地消除文字。要注意的是，如果笔尖向下放置的话，二氧化钛会凝固阻塞，修正液就无法流出来了。

属性相配，如果不合适，被修正液遮住的墨水就会透出来，反而看起来更脏了。因此在使用前，需要确认一下。

在生活中，白色是一切颜色的基础，**二氧化钛**通常被认为是最白的颜料，因此修正液中也用到了二氧化钛。绘画用的白色颜料中也常用到二氧化钛。说句题外话，因为二氧化钛稍微有些昂贵，所以较为便宜的画具中经常用氧化锌来替代它。

应该有很多人是在文具以外的领域听说或记住"二氧化钛"这个词，因为它也被广泛用于粉底、防晒霜和抗菌剂的生产中。二氧化钛具有神奇的性质，受到光照时，它会成为分解反应和亲水作用的催化剂。催化剂是一类自己不会发生变化，但能够促进其他物质间化学反应的物质，在光照下能产生催化作用的化学物质被称为**光催化剂**，二氧化钛便是光催化剂的代表物质。二氧化钛的这种性质在多个领域得到了广泛应用，如被用在"不需要打扫的厕所""不会被弄脏的油漆""不会模糊的镜子"等商品的制作中。

二氧化钛的结构

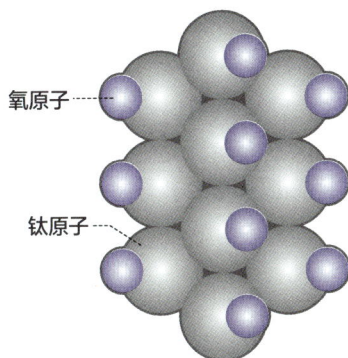

氧原子

钛原子

修正液中的颜料二氧化钛，其晶体是由钛原子和氧原子构成的。

光催化作用的原理

二氧化钛具有被光照射后，能使周围物质活化的性质。这就是它能分解周围的有机物（包括细菌和病毒）的原因。此外，光照还能增加二氧化钛与水的亲和力，这被称为二氧化钛的"超亲水性"。

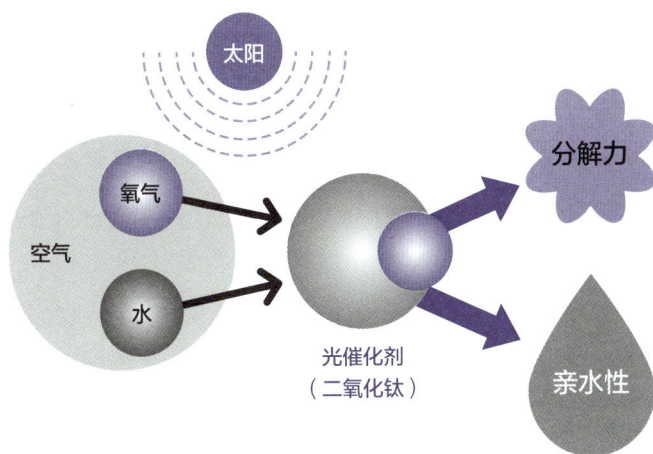

太阳

氧气

空气

水

光催化剂
（二氧化钛）

分解力

亲水性

修正带
薄膜覆盖的精密技术

近年来，修正带似乎变得比修正液更有人气了，因为修正带不会使手变脏，也不必等待晾干，直接就能在上面再次书写。

应该有很多人遇到手指或者衣服沾上了修正液，怎么洗都洗不掉的情况。不仅是修正液，能够不弄脏手的文具都是很珍贵的。考虑到这个问题而出场的文具，就是修正带。修正带既不会弄脏手，又能够轻松地画出整洁的直线，还不需要在使用前摇匀。可能唯一的缺点就是有点贵，不过现在也能够在百元店（100日元约5元人民币）买到了。

让我们来研究一下修正带的构造吧。修正带的带子分为三层，分别是黏着层、修正膜和基带。**黏着层**是一层使修正膜能粘在纸上的黏合剂，厚度只有约1微米（0.0001厘米）。

修正膜和修正液的功能相同，成分也十分相似，为了使大部分笔都能在上面书写或画画，修正膜中还添加了一些帮助墨水渗入的活性剂。修正膜的厚度大概有25微米，

修正带的带子构造

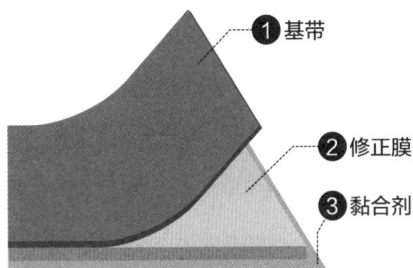

- **1** 基带
- **2** 修正膜
- **3** 黏合剂

修正带由三层组成，基带用于承载修正膜和黏合剂，通常是纸或塑料薄膜制成的。修正膜和修正液的成分基本相同。黏合剂使修正膜和需要修改的纸面粘在一起。

修正带的内部构造

修正带大体是由两个卷轴和一个转印头组成的。废带卷轴上的基带比未使用的带子薄一些，因为带子上的白色染料和胶都已经粘到了纸上。

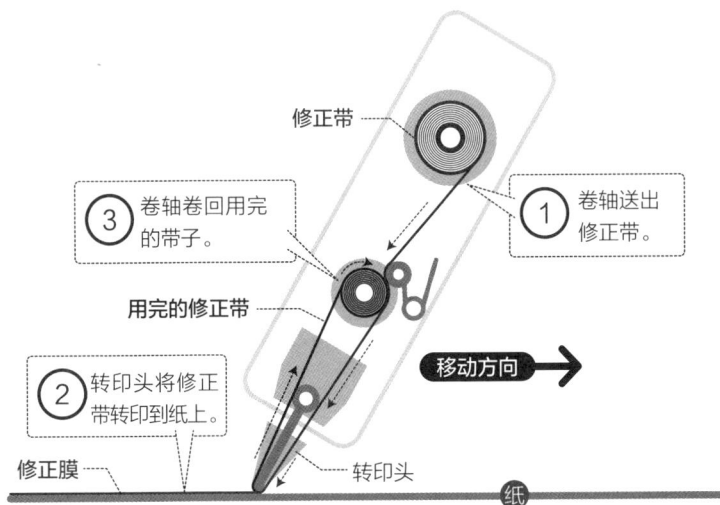

修正带

3 卷轴卷回用完的带子。

1 卷轴送出修正带。

用完的修正带

移动方向 →

2 转印头将修正带转印到纸上。

修正膜

转印头

纸

也是十分薄的。

基带使用的是不易被拉伸的纸或者塑料薄膜，表面涂有使修正膜容易脱落的硅油等顺滑成分。

修正带的外壳一般都是透明的，我们能够一眼就看清里面的构造，许多齿轮和卷轴的巧妙组合令人动容不已。

要想用好修正带，需要掌握一些诀窍。将尖尖的头部与纸垂直，沿前进方向斜倒下按住并慢慢拉，修正膜就会连续转移到纸上。然后停止移动，平稳地将带子从纸上移开，修正膜就会从基带上干净地断开。

与修正液相比，修正带的便利之处在于即便需要修改的内容很多，也能快速干净地覆盖住。而且，因为修正膜很薄，所以在进行复印的时候也能够隐形。此外，修正带在盖住原来的笔迹之后马上就能在上面写修改的内容。正如前文所述，为了能够马上进行书写，带子的表面开了许多微孔并添加了活性剂，以此来帮助墨水渗入带子。

修正带的制作方法

修正带是如何形成三层结构的呢？让我们来看一下制作过程吧！

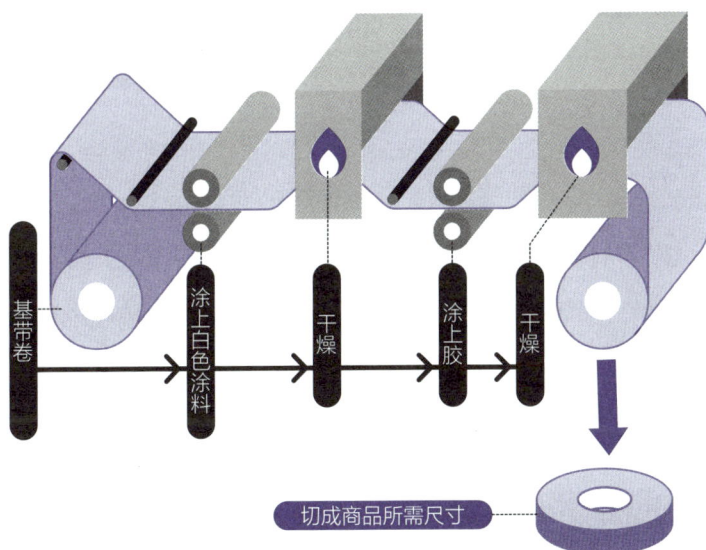

基带卷 → 涂上白色涂料 → 干燥 → 涂上胶 → 干燥

切成商品所需尺寸

修正带的使用诀窍

希望你能用正确的方法使用修正带。如图所示，以 45° 左右的角度倾斜拉动，在想要完成修正的位置停一下，慢慢向上提起。这样就可以漂亮地修改，修正带也能被完美地切断。

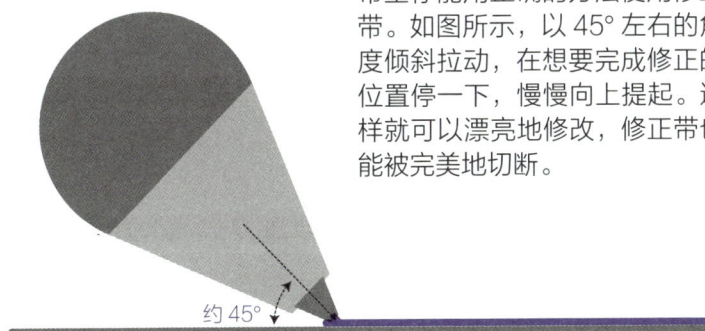

约 45°

消字灵
化学反应让字迹"消失"

消字灵能够消除蓝黑墨水的字迹，消字灵和墨水一样，也蕴含着丰富有趣的化学知识。

以前有一种叫作**消字灵**的文具，是用来消除钢笔的蓝黑墨水（42页）字迹的。现在的人们提起"消字"一般都会想到修正液，但是团块世代❶以前的人们则会想到消字灵。

消字灵由第一液和第二液组成，能够消除蓝黑墨水字迹的秘密在于，它逆转了墨水固定在纸上的过程。消字灵能够将被空气中的氧气氧化变为黑色的三价铁离子**还原**为二价铁离子，并进一步使墨水中的色素脱色。

将铁离子还原，是指铁离子获得电子，通俗易懂地解释，就是"放出了氧"。蓝黑墨水显色是铁和空气中的氧结合变黑的过程，那么褪色过程就是将已经结合的氧重新

---

❶ 专指日本在 1947—1949 年出生的一代人。

消除蓝黑墨水字迹的原理

消除墨水字迹利用到的是使墨水固定的化学反应的逆反应。

◆ 蓝色染料　■ 单宁　◻ 二价铁离子和单宁的化合物　◼ 三价铁离子和单宁的化合物

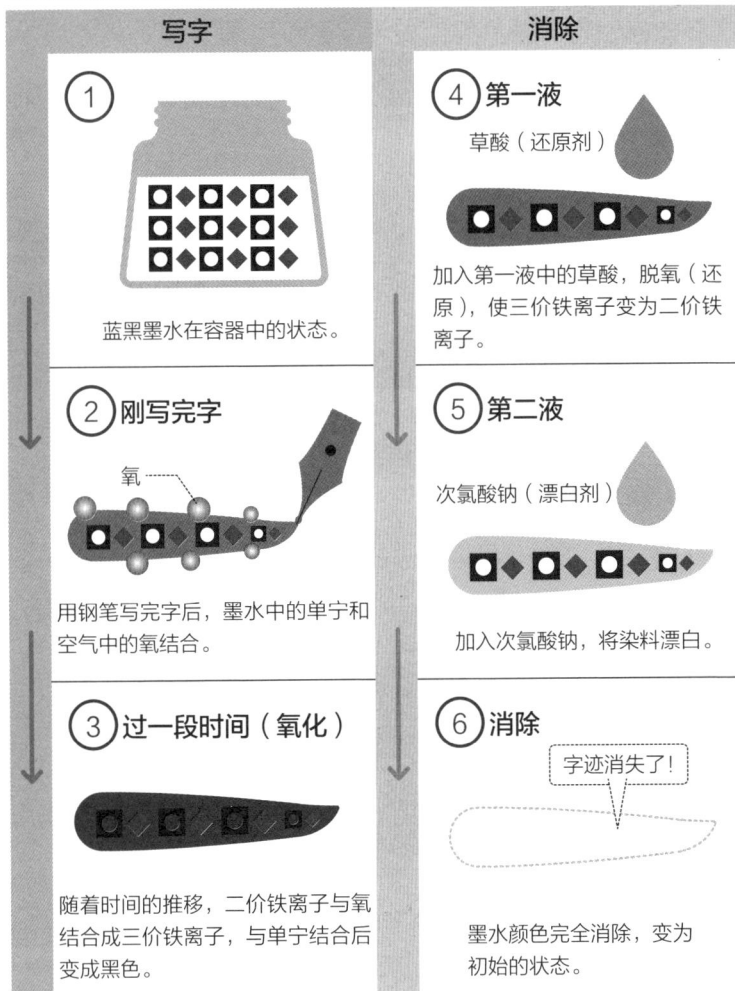

写字	消除
① 蓝黑墨水在容器中的状态。	④ 第一液 草酸（还原剂） 加入第一液中的草酸，脱氧（还原），使三价铁离子变为二价铁离子。
② 刚写完字 氧 用钢笔写完字后，墨水中的单宁和空气中的氧结合。	⑤ 第二液 次氯酸钠（漂白剂） 加入次氯酸钠，将染料漂白。
③ 过一段时间（氧化） 随着时间的推移，二价铁离子与氧结合成三价铁离子，与单宁结合后变成黑色。	⑥ 消除 字迹消失了！ 墨水颜色完全消除，变为初始的状态。

释放，使铁离子回到原来的状态。消字灵的第一液就是用来实现这个还原过程的。第一液中含有**草酸**，菠菜中也含有这种物质，因会引起肾结石而并不受人喜爱，不过它却具有能够使物质脱氧的性质（还原作用）。

蓝黑墨水在出厂时都掺入了蓝色的染料，如果不消掉蓝色染料，文字也无法被消除。因此，消字灵消字的第二阶段需要使用漂白剂，这也是第二液的主要成分。将蓝色的染料也消除后，文字就能完全消失了。消字灵中使用的漂白剂是和厨房漂白剂相同的**次氯酸钠溶液**。

在此稍微转变一下话题，市面上也有出售用于消除圆珠笔字迹的消字灵。这种消字灵的第一液是漂白剂次氯酸钠溶液，第二液用的是酮类溶剂。第二液用的这种化学物质和洗甲水中用到的丙酮类似，树脂和油类易溶于其中。利用第一液将色素脱色后，再用第二液使作为定色剂的树脂（30页）溶解于其中，最后将溶解的树脂擦掉，就能实现消字。但是，这种消字灵只能消除以前生产的那种使用油性墨水的圆珠笔。

消字灵的成分

消字灵中的草酸和次氯酸钠，也存在于菠菜和漂白剂等身边食品和物品中。

第一液：草酸	第二液：次氯酸钠

菠菜

漂白剂

消除油性圆珠笔字迹的原理

★染料　■定色剂树脂

油性圆珠笔消字灵先用漂白剂漂白颜色，再用酮溶解墨水中的树脂。

① 第一液

次氯酸钠
（漂白剂）

在油性圆珠笔书写的文字中加入次氯酸钠，漂白颜色。

② 第二液

酮类溶剂
（溶解树脂）

加入酮类溶剂溶解定色剂树脂。

③

字迹消失了！

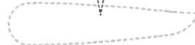

擦拭一下，文字就会完美消失。

黏合剂
分子间的"吸引力法则"

如果去文具店的黏合剂售卖处，我们会看到各种各样的黏合剂（糨糊）正在出售，那么，为什么各种黏合剂都是液体呢？

"糊"这个字源于中国，因为有着米字旁，所以据说这个字的字源是"米"。实际上，历史上中国确实有将米、麦等含有淀粉的食物煮熟搅拌，使之产生黏性而制成的"糨糊"。不过，现代出现了由石油制成的合成胶水，"糨糊"一词的定义开始变得模糊。因此，包括糨糊在内的一系列用于黏合物品的商品被统称为**黏合剂**。

不过，观察文具店出售的黏合剂，我们可以发现它们都是液体。胶棒看起来是固体，但其实它是一种半液态的凝胶。这种液体的性质正是这些黏合剂可以黏合物品的秘密。

从纳米角度来看，黏合剂将固体物质粘在一起的机制，主要有以下三种：①**机械黏合**；②**化学黏合**；③**物理黏合**。

①是黏合剂渗入物体表面的凹凸不平处并凝固，从而黏合；②是黏合剂和固体表面利用化学键黏合；③是利用

固体的表面是凹凸不平的

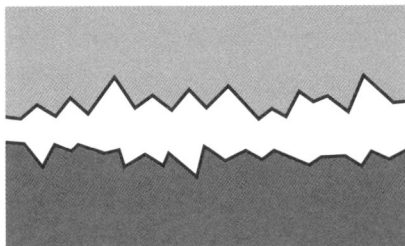

固体的表面，从微观来看都是凹凸不平的，无论多么紧密地贴合在一起，原子或分子间的作用力都十分微弱。因此，就算努力用手去将两个物体按压在一起，它们也不会黏起来。而黏合剂是液体，能够轻易地渗入缝隙中。

黏合的三种机制

黏合的机制包括机械黏合、化学黏合和物理黏合三种。接下来，让我们分别来了解它们的特点吧！

①机械黏合

黏合剂渗入物体表面的凹凸不平及缝隙中并凝固，使物体黏合起来。

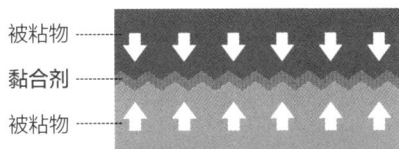

被粘物 ……
黏合剂 ……
被粘物 ……

②化学黏合

黏合剂和物体表面产生化学键，从而使物体黏合。

被粘物 …… A A A A A
化学键 …… C C C C C
黏合剂 …… B B B B B

③物理黏合

利用原子或分子本身的力（分子间作用力）黏合。这种分子间的力也称为范德华力。

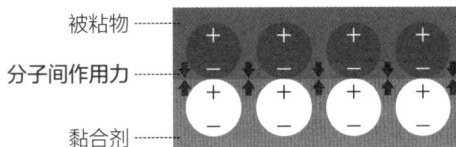

被粘物 ……
分子间作用力 ……
黏合剂 ……

原子或分子本身的力（**分子间作用力**）进行黏合。把水滴在两片贴紧的玻璃的缝隙中，玻璃就粘在一起了，这就是利用③进行黏合的例子。

①～③的黏合方式，都需要黏合剂在原子、分子水平上和物体表面紧密接触，才能成功黏合。然而，无论多么平滑的物体表面，在纳米层面来观察都是凹凸不平的。为使黏合剂能在原子、分子水平上和物体表面紧密贴合，黏合剂必须均匀地贴合在物体的表面。这就是为什么黏合剂必须是液体。固体表面沾上液体黏合剂后的状态被称为"**浸润**"，湿润的黏合剂必须要凝固，只有这样才能保证黏合的强度。为了能够黏合，干燥是必须进行的步骤。

由米等制成的淀粉糨糊能够粘住纸张，就是利用了①和③的机制。纸和糨糊中含有的羟基结合，使二者黏合（③）；同时，糨糊渗入纸的内部并凝固，在纸的内部形成了沉锚一样的结构，使双方黏合（①）。

黏合剂的原理

在涂抹黏合剂前，即便看起来光滑的表面，将其放大后仍会看到无数凹凸不平处。黏合剂或糨糊等能够将这些凹凸处填平，从而保证紧密黏合。

黏合剂

① 用液态黏合剂涂抹单面（或两面），使黏合面平整。

被粘物

黏合剂扩展渗入

② 因为黏合剂是液体，因此毛细现象也能帮助其在物体表面扩展渗入。如此，黏合剂便能够和被粘物的表面紧贴，实现有效黏合。

被粘物

③ 把要粘上的两个面贴在一起，两个面便可通过黏合剂结合。

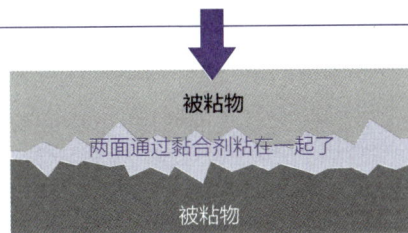

被粘物

两面通过黏合剂粘在一起了

被粘物

④ 经过一段时间后，黏合剂凝固，两面就能紧密结合。

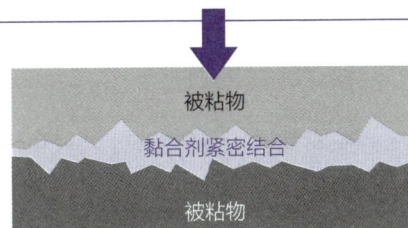

被粘物

黏合剂紧密结合

被粘物

瞬间黏合剂
快速固化的科学奇迹

当我们打破东西时，瞬间黏合剂能够派上大用场。它能将坏掉的部分瞬间粘回去，瞬间黏合的秘密在于其中含有的水分。

在探索瞬间黏合剂的原理之前，请先回想一下介绍黏合剂的小节（72页）。黏合剂是液体，能够充分扩展渗透于两个结合对象的表面，在分子层面上使二者黏合，等干燥固化后两个物体就能牢固地粘在一起了。就如这一原理所说，黏合剂一开始是液体，涂到物体上后便成了固体。

液体的固化时间在很大程度上决定着黏合所需的时间。瞬间黏合剂是一种能够在瞬间完成"固化"这一过程的黏合剂。那么，如何才能在瞬间完成固化呢？其实，瞬间固化的秘密在于利用空气中的水分，在瞬间黏合剂中，使用了一种能够在接触空气中水分的瞬间就固化的物质。

在日常生活环境中，空气中总是存在一定水分的，物品的表面总会有一点湿润。瞬间黏合剂便利用了这微不足道的一点水分，在一瞬间实现固化。

瞬间黏合剂的原理

物如其名，瞬间黏合剂就是能够把物品瞬间粘在一起的产品。液体能够瞬间固化的秘密，就在于空气中存在的微量水分。

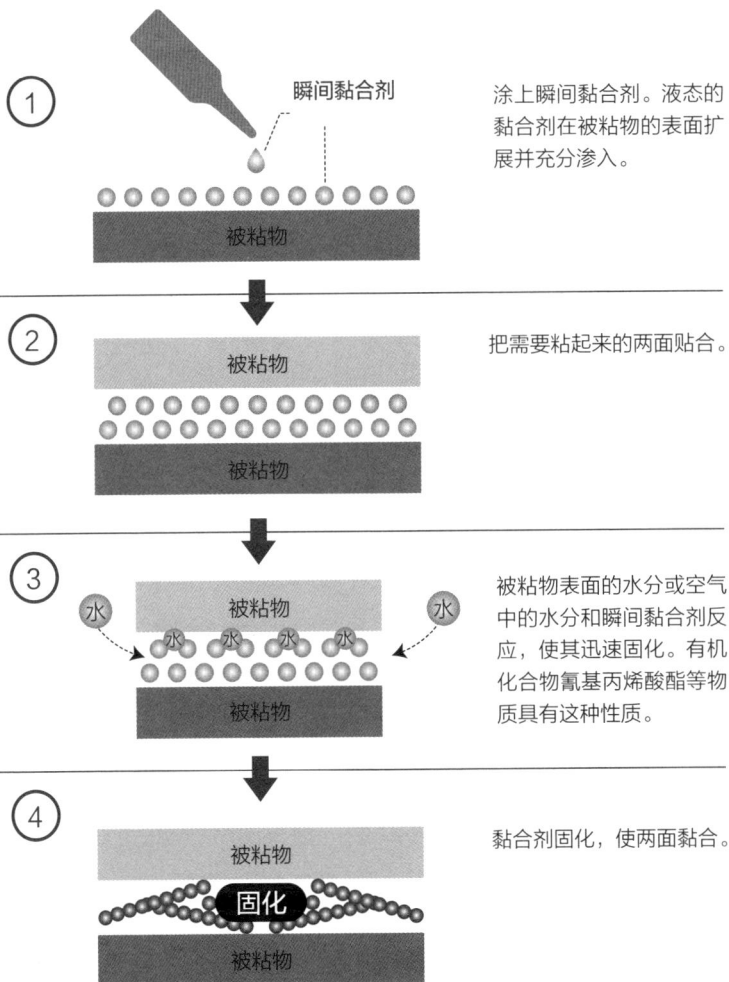

① 瞬间黏合剂

被粘物

涂上瞬间黏合剂。液态的黏合剂在被粘物的表面扩展并充分渗入。

② 被粘物

被粘物

把需要粘起来的两面贴合。

③ 水 水 水 水 水 水 水

被粘物

被粘物

被粘物表面的水分或空气中的水分和瞬间黏合剂反应，使其迅速固化。有机化合物氰基丙烯酸酯等物质具有这种性质。

④ 被粘物

固化

被粘物

黏合剂固化，使两面黏合。

502胶已经成为瞬间黏合剂的代名词，下面就让我们一起来了解一下它的工作原理吧。502胶的主要成分是**氰基丙烯酸酯**，这种物质拥有前述的"一接触水就能固化"的性质。在液体状态下，这种物质的分子通常处于分离状态（单体），但是，在和空气中的水分接触的瞬间，分子间就会牵起手来，固化为固体（聚合物）的形态。正是这种性质使瞬间黏合成为可能。

和这个过程中的水分所起到的作用类似的物质，在化学的世界中被称为**催化剂**，具体来说，指的是一类能够加速化学反应，但自身不参与反应的物质。在化工领域，催化剂的作用举足轻重。因为生产产品的时间是十分紧要的，如果不能很快生产出来，那么再完美的产品在工业领域也毫无意义，因此，催化剂就被充分利用起来了。

我们身边有一种十分著名的催化剂，那就是灰烬。燃烧过后留下的灰烬虽然不能够再度燃烧，但可以促进燃烧。例如，方糖无法直接被火点燃，但是如果先在方糖上撒满灰烬再去点燃，方糖就能够燃烧起来了。这便是利用了灰烬的催化作用。

从微观层面观察黏合的原理

让我们从微观层面观察一下瞬间黏合剂固化的机制吧。

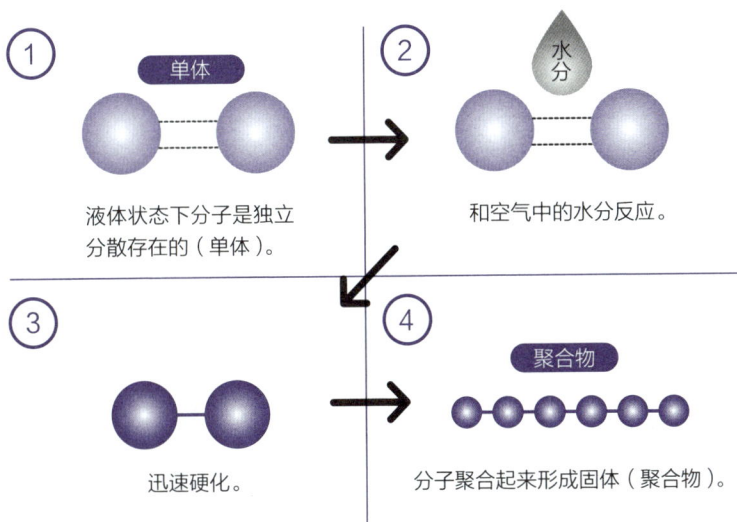

① **单体**

液体状态下分子是独立分散存在的（单体）。

② **水分**

和空气中的水分反应。

③ 迅速硬化。

④ **聚合物**

分子聚合起来形成固体（聚合物）。

灰烬的催化作用

能加快化学反应的速度，但自身不参与反应的物质叫作催化剂。如下图所示的利用方糖所做的实验中，灰烬中的碳酸钾就是燃烧反应的催化剂。

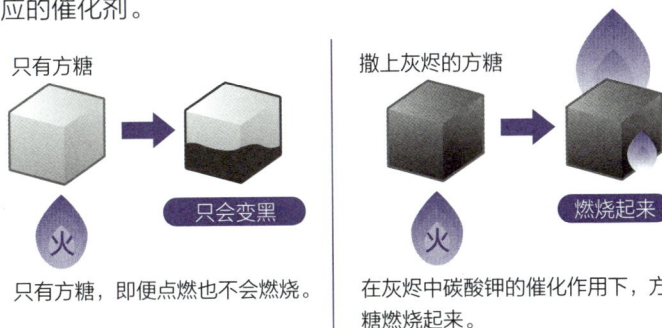

只有方糖

只会变黑

只有方糖，即便点燃也不会燃烧。

撒上灰烬的方糖

燃烧起来

在灰烬中碳酸钾的催化作用下，方糖燃烧起来。

透明胶带
黏性与透明的完美平衡

....

"二战"结束后，日本文具的畅销品前三名为油性马克笔、圆珠笔和透明胶带。让我们一起来看一下透明胶带这种在粘贴物品时十分便利的文具吧。

在普通家庭和办公室中，人们最熟悉的胶带就是**透明胶带**了吧。日语中常将透明胶带称为"セロテープ"，但其实这个词是米琪邦公司注册的商标，能作为一般名词使用的应该是"セロハンテープ（玻璃纸胶带）"，意思是玻璃纸制成的胶带。

也许有人会认为，透明胶带就是在玻璃纸上涂上胶水制成的，但其实并非这么简单。普通的胶水在一段时间后就会干燥，但是，如果透明胶带刚开封没多久就干掉了，就派不上什么用场了。透明胶带所使用的胶水是一种特殊**黏合剂**。

这种特殊的黏合剂能始终保持湿润的状态，在贴前和贴后质感都柔软有黏性。涂上了这种黏合剂的带子，就能够随时粘住物体了。透明胶带中使用的是由天然橡胶加工

贴合与黏合的区别

贴合与黏合看起来很相似，但其代表的性质有所不同，让我们来看一下它们的区别。

◎贴合

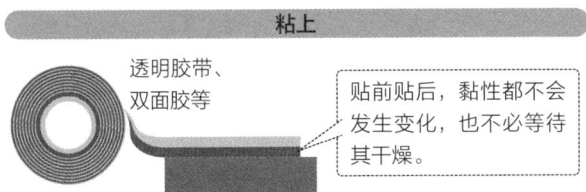

粘上

透明胶带、双面胶等

贴前贴后，黏性都不会发生变化，也不必等待其干燥。

◎黏合

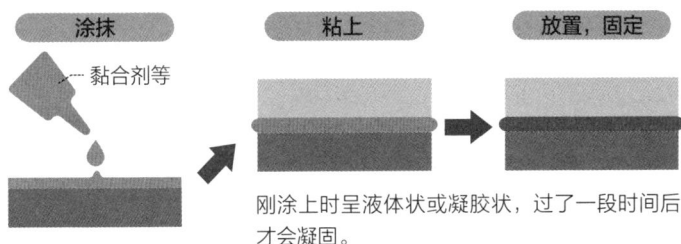

涂抹　　　粘上　　　放置，固定

黏合剂等

刚涂上时呈液体状或凝胶状，过了一段时间后才会凝固。

透明胶带的构造

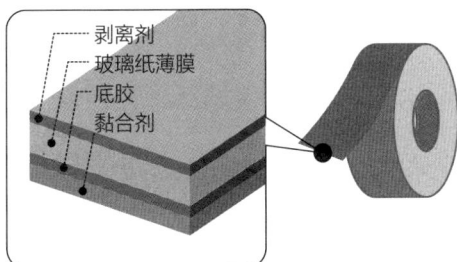

剥离剂
玻璃纸薄膜
底胶
黏合剂

玻璃纸薄膜表面涂有"剥离剂"，使其容易脱落。另外，其背面还涂有"底胶"，保证黏合剂不会从胶带上脱落。

而成的黏合剂，也就是说，透明胶带和口香糖粘住物体的原理是相同的。

在玻璃纸上涂黏合剂的方式也凝结着巧思。

透明胶带是卷成一卷出售的，如果不分内外在玻璃纸的两面都涂上黏合剂，那么卷起来以后内侧和外侧粘在一起，就揭不开了。因此，要在玻璃纸的外侧涂上**剥离剂**，使其变得容易剥落；还要在内侧涂上**底胶**，使黏合剂和玻璃纸黏合在一起。虽然涂层的厚度只有约一微米，但经过这些处理后，透明胶带才能实现只要一揭，胶带就能剥落下来。

话说回来，大家知道**玻璃纸**是由什么制成的吗？虽然常被误解，但是玻璃纸并非石油化学制品，而是由植物纤维制成的天然材质的薄膜。玻璃纸的英文 cellophane 是由组成植物纤维的纤维素的英文 cellulose 和"透明"一词的法语合成的名词。将从木浆中提取出的植物纤维拼接在一起，再将其从窄缝中挤出成型，凝固为薄膜，便制成了玻璃纸。玻璃纸的制法和赛璐珞类似，其性质也和赛璐珞相似，并不耐火。

玻璃纸薄膜的制作方法

玻璃纸是由木材纤维制成的天然薄膜，让我们来看一下它的制作方法吧！

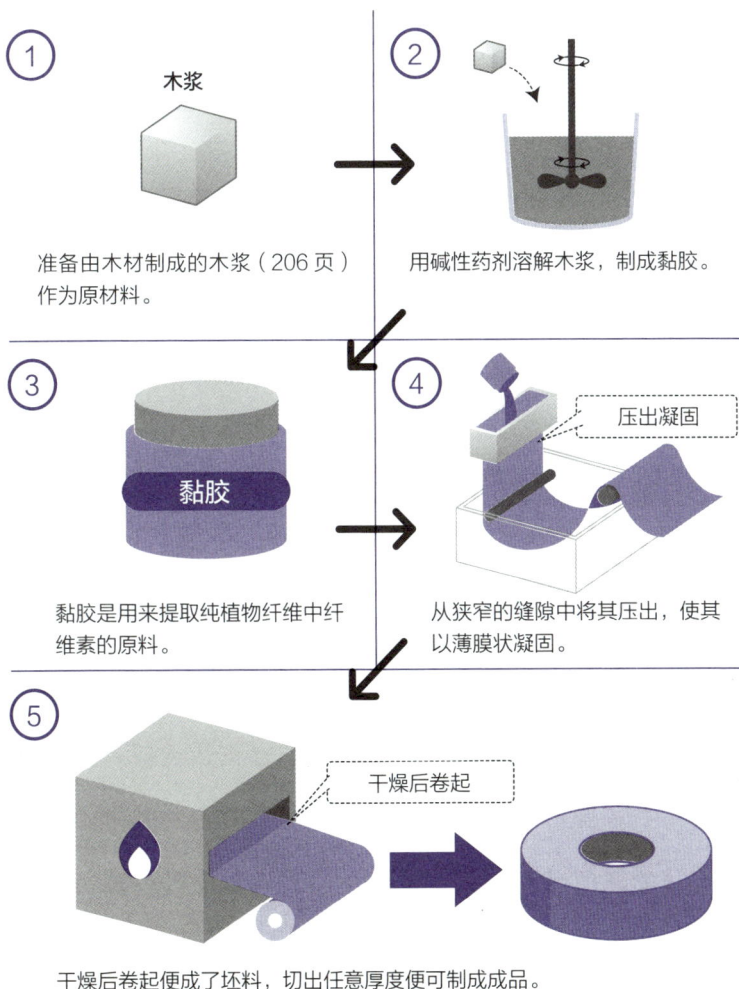

① 木浆

准备由木材制成的木浆（206 页）作为原材料。

② 用碱性药剂溶解木浆，制成黏胶。

③ 黏胶

黏胶是用来提取纯植物纤维中纤维素的原料。

④ 压出凝固

从狭窄的缝隙中将其压出，使其以薄膜状凝固。

⑤ 干燥后卷起

干燥后卷起便成了坯料，切出任意厚度便可制成成品。

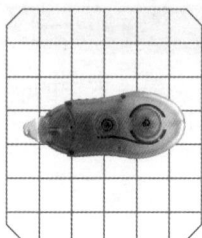

卷轴双面胶带
两面黏合的巧妙设计

卷轴双面胶带因其不会脏手，设计也很巧妙而受到消费者喜爱，这种胶带也使用了黏合剂。

近年来，修正带形状的胶带在办公场所大受欢迎，其外表看起来很容易和修正带弄混，但正是这种特色让它受到了关注。这种胶带使用时不容易弄脏手，可以让人很轻松地进行粘贴工作。

卷轴双面胶带中使用的胶并不是普通的胶，而是黏合剂（80页）。普通的胶经过一段时间后会凝固，黏合剂却不会凝固。然而，要是卷轴双面胶带中的胶带在容器中凝固住了，那就很糟糕了。

卷轴双面胶带不仅外表看起来和修正带类似，而且其内部构造和修正带也很相似。卷轴双面胶带的胶带由胶和承载胶的**离型纸**两层构成，涂抹时只有胶（黏合剂）的部分会被转移到物体表面。这种胶带在大约30年前在德国被发明出来，日本在20年后才开始销售。

卷轴双面胶带的构造

卷轴双面胶带的构造和修正带类似，其外壳常是透明的，因此我们可以清楚地看到它的内部构造。

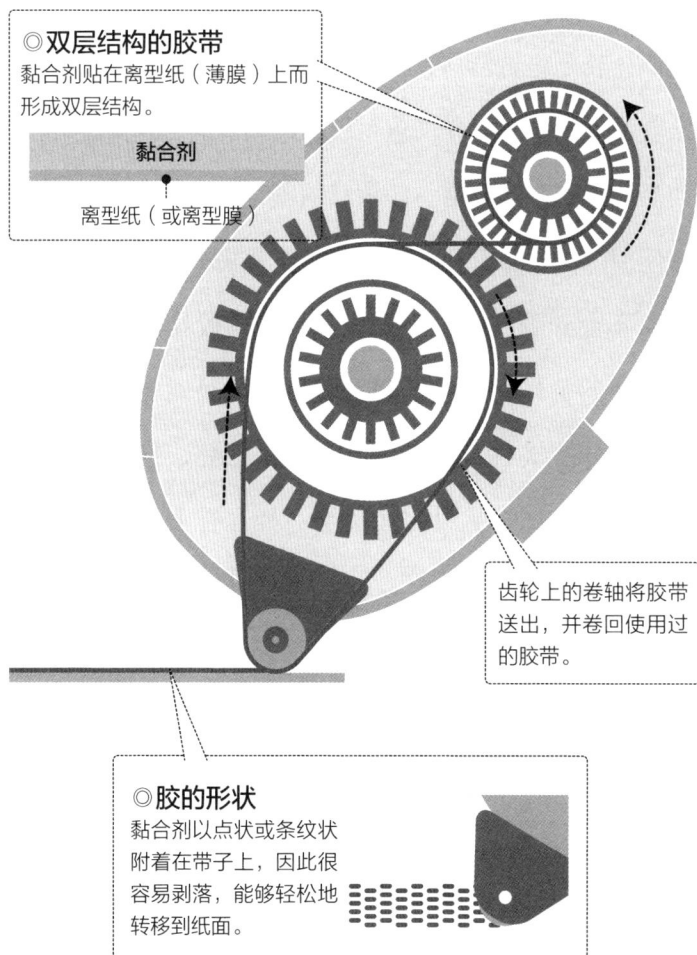

◎**双层结构的胶带**
黏合剂贴在离型纸（薄膜）上而形成双层结构。

黏合剂

离型纸（或离型膜）

齿轮上的卷轴将胶带送出，并卷回使用过的胶带。

◎**胶的形状**
黏合剂以点状或条纹状附着在带子上，因此很容易剥落，能够轻松地转移到纸面。

　　卷轴双面胶带中使用的离型纸是一种薄但不易被拉伸的塑料薄膜，在这层薄膜的表面涂上一层有机硅涂料，就制成了一种很容易使胶剥落的胶带。多数卷轴双面胶带成品，并不是将胶在带子的表面均匀涂满，而是进行点状涂抹，这样能够让胶更容易转移到纸面上。由此，人们产生了将涂抹胶水变为像盖印章一样"盖"胶水的新思路，由此设计出的新商品就是**印章状胶带**。印章状的胶带虽然不适合在细窄的地方使用，但在封口和贴剪报等场合使用很便利。

　　从不会弄脏手的角度来说，传统的胶棒也十分受人欢迎。胶棒的价格比卷轴双面胶带便宜，还能一次涂抹很大面积。胶棒也被称为**固体胶**，虽说是固体，但正如前文所述（72页），胶棒使用的其实是一种含有大量水分的凝胶状胶。

　　普通双面胶带和卷轴双面胶带类似，但是普通双面胶带的胶带基材被夹在两边的胶质中间，在贴的时候，胶会和胶带基材一同被贴到纸上。因此，和卷轴双面胶带相比，普通双面胶带的胶看起来会更厚。

卷轴双面胶带中"离型纸"的构造

离型纸有纸质基带和塑料薄膜质基带两种，在不同基带的表面都有剥离剂的涂层。

纸质基带	塑料薄膜基带

基带（纸）
填充（隔离）层
剥离剂

基带（PET 薄膜等）
剥离剂

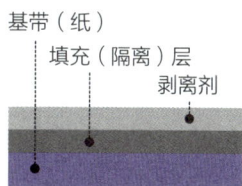

三层结构中的填充层，是为防止剥离剂渗入基材而设计的隔离层。

二层结构中，基带使用的是 PET 薄膜等材料。

普通双面胶带的构造

普通双面胶带的构造如下图所示，由三层胶带和离型纸构成。市面上现在也有像卷轴双面胶带这样自动卷回离型纸的类型。

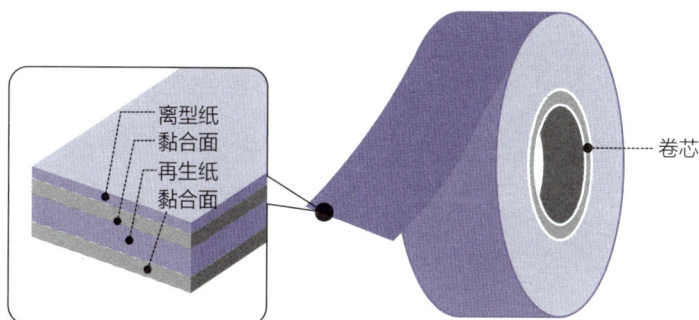

离型纸
黏合面
再生纸
黏合面

卷芯

|便利贴|
弱黏性的科学原理

> 便利贴是在书写备忘录和学习笔记中不可缺少的工具，贴在桌子上、书上或笔记本上后能够一下就撕掉，使用起来十分便利。

　　"Post-it"是美国3M公司注册的商标，泛指这类商品的名词是**便利贴**。不过在日本通常还是以商标名代称。为什么便利贴在多次粘贴后，仍能干净地撕下来呢？只要追溯一下便利贴的研发史，便能很轻松地了解其中的秘密了。

　　1969年，一位研究黏合剂的3M公司研究员，在研发过程中偶然制作出了一种很容易被撕下的黏合剂。作为研究黏合剂的专业人员，研究员当时想要研发出的是具有强力黏性的黏合剂，因此这次的作品被他视为"失败作"。不过，他还是觉得很在意，并对"失败作"进行了研究。他发现，这种黏合剂的分子呈球状均匀地分散，因此他得出了结论：如果黏合剂中的分子呈球状并整齐排列，那么黏合剂便会具有容易被贴上和撕下的特性。

便签能被贴上又撕下的原理

已经被贴上的便签能被轻松撕下，其原因是便签上黏合剂的结构是球状的且整齐排列，与被粘物的接触面积很小

①**黏合前**

黏合剂　　　便签

被粘物

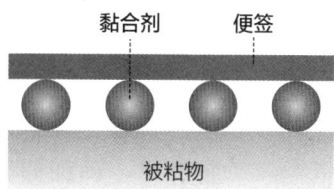

便签被贴到纸等被粘物表面前，黏合剂呈球状。

②**黏合**

被粘物

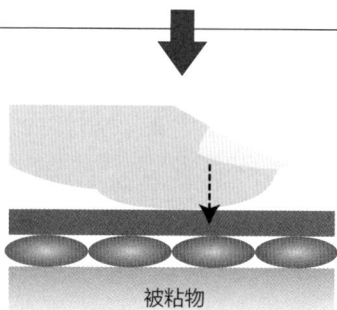

用手指施加压力，球状的黏合剂会被压扁，粘住被粘物。

③**撕掉**

被粘物

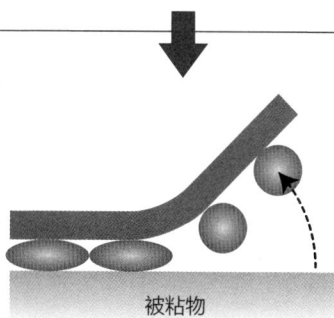

撕下来时，胶会变回原来的球状，便签可以被完整撕下。

当然，这件事还有后续。这种黏合剂被发明出来以后，并没有立刻和便签组合在一起。当时，大家都不知道该如何利用这种黏合剂，即便 3M 公司在内部公开征集了这种黏合剂的用途，人们也没有想到能够合理利用这种黏合剂的策划案。直到五年过后，研发这种黏合剂的研究员和其他的研究员在参加合唱活动时，夹在纸中的书签掉落了下来，这件事给了他灵感——"如果有一种即便贴上了也能撕下来的纸，会给人们带来很大便利"。这就是 1974 年便利贴诞生的启始。

利用这种"贴上了也能撕下"的胶制作而成的产品在许多领域中大显身手。例如，将纸片变为便签的"可撕胶棒"，像图钉或磁铁一样可以往板子上张贴纸张的"果冻胶"。这种胶在文具以外的领域也有广泛的应用，比如清洁滚筒的开发便是巧妙利用便利贴黏合剂的性质而发明出的新商品。通过带有两种黏合剂的圆筒的旋转，垃圾就被粘走了。

便利贴和数字文具的结合也成为话题，手机拍摄便利贴的内容后，可将其上传到笔记类 APP 中。这类 APP 能够将便利贴上手写的笔记数字化，方便人们进行整理和内容检索。

便利贴和笔记类 APP 的合作

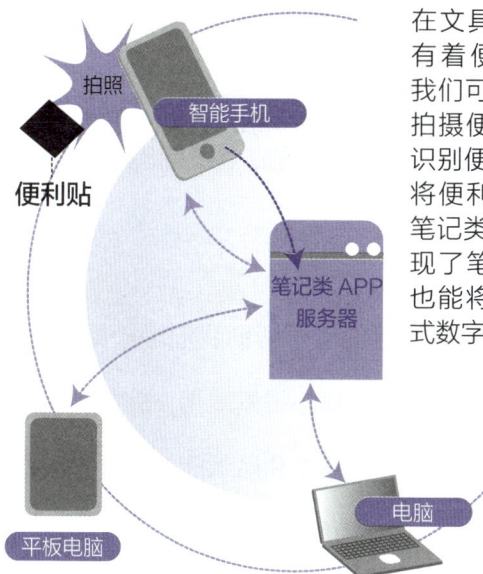

拍照

智能手机

便利贴

笔记类 APP
服务器

平板电脑

电脑

在文具数字化过程中，也有着便利贴的活跃身影。我们可以使用笔记类 APP 拍摄便利贴。APP 会通过识别便利贴的颜色和外框，将便利贴上的内容转移至笔记类 APP 中。这样就实现了笔记的云共享，同时也能将手写字以字符的形式数字化。

清洁滚筒对"贴上去了也能撕下的胶"的利用

"贴上去了也能撕下"的胶被应用在生活的多个领域中，如著名的打扫工具清洁滚筒。在作为基材的纸上先涂一层强力黏合剂，再以条状涂上弱黏合剂，这样制成的清洁滚筒能够将毛毯和木地板都清理得干干净净。

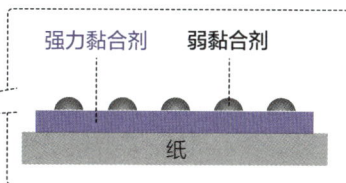

强力黏合剂　　**弱黏合剂**

纸

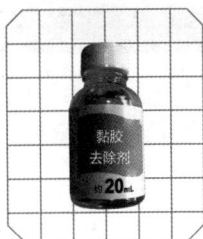

黏胶去除剂
化学溶解的奥秘

黏胶去除剂能够帮我们揭下文件或板子上贴着的贴纸，与它类似的工具还有涂鸦去除剂。

　　邮票除胶剂、**黏胶去除剂**能够帮助我们轻松揭掉邮票、标签和贴纸，只要按照说明书耐心缓慢地揭，就能很完整地将贴纸揭下来。为什么邮票、标签和贴纸能被揭下来呢？

　　其原理是，用与贴纸背面的黏合剂成分相似的溶剂将黏合剂溶解，就可以使黏合剂浮于物体表面，从而使贴纸能被轻松揭下。成分相似的溶剂和胶能够融合，利用的正是"松弛"这一作用。接下来，让我们以"邮票除胶剂"为例了解一下这种原理。

　　贴在纸上的邮票，沾水后就能揭下，这一属性与邮票所使用的黏合剂的成分有关。邮票黏合剂的主要成分是**醋酸乙烯酯树脂**和**聚乙烯醇**。醋酸乙烯酯树脂是口香糖的主要成分，具有黏性。聚乙烯醇的作用是使醋酸乙烯酯树脂溶解，聚乙烯醇是醇的一种，易溶于水。因此，当邮票沾了水，

黏合剂剥除原理的一般理论

黏合剂剥除的原理，是与黏合剂成分相似的溶剂使黏合剂溶解，黏合剂浮于表面从而被揭开。

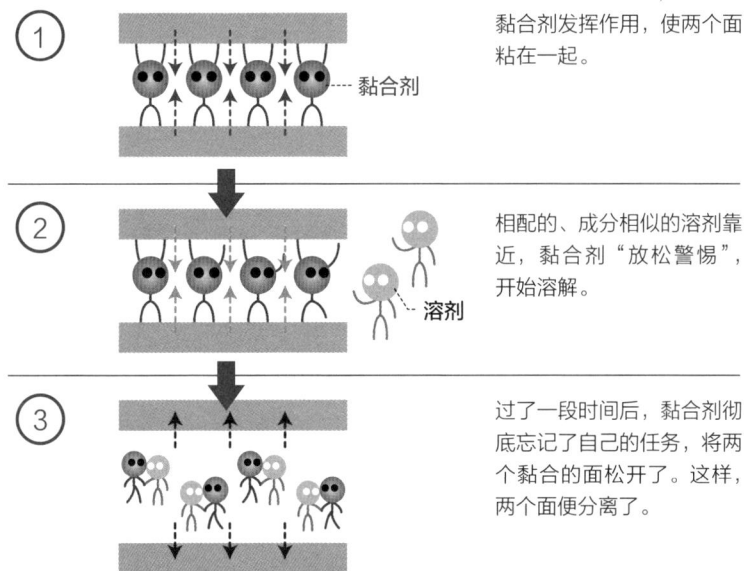

①

黏合剂发挥作用，使两个面粘在一起。

②

相配的、成分相似的溶剂靠近，黏合剂"放松警惕"，开始溶解。

③

过了一段时间后，黏合剂彻底忘记了自己的任务，将两个黏合的面松开了。这样，两个面便分离了。

邮票粘贴的原理

将邮票贴在信封和明信片上的，是邮票背后附带的黏合剂，黏合剂的主要成分是醋酸乙烯酯树脂和聚乙烯醇。

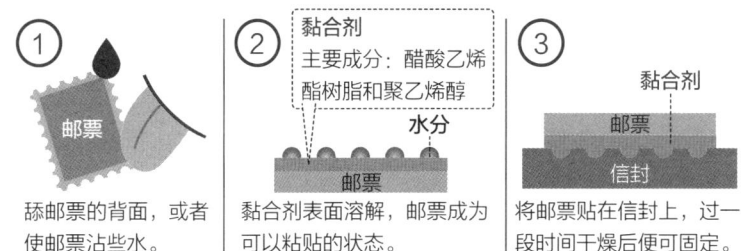

①

舔邮票的背面，或者使邮票沾些水。

②

黏合剂表面溶解，邮票成为可以粘贴的状态。

③

将邮票贴在信封上，过一段时间干燥后便可固定。

首先聚乙烯醇会溶于水，然后醋酸乙烯酯树脂溶于聚乙烯醇并浮到表面，最终使邮票容易被揭下。

不过，直接用蘸水的方式去撕邮票会伤害纸面，因此市面上存在一种"邮票除胶剂"，这种产品在水中加入了表面活性剂，能够促使聚乙烯醇更好地溶解，因此只要稍微沾湿邮票，就能轻松将其揭下。

顺便一提，聚乙烯醇是无害的，就算用舌头去舔邮票，人也不会中毒。

"黏胶去除剂"使用丙酮、甲酮和甲苯等有机溶剂的原因也类似于前文所述，即贴纸和标签等所使用的黏合剂与这些有机溶液的构造类似。

前文提到，邮票中充当胶水的醋酸乙烯酯树脂也是口香糖的主要成分。据说，把口香糖和巧克力一起嚼，口香糖就会溶化。这是因为，口香糖中所含有的醋酸乙烯酯树脂溶解在了巧克力含有的油脂中。这也是"相似相溶"的一个例子，因为醋酸乙烯酯树脂的化学结构和油脂十分相似。

黏胶去除剂能够帮助揭掉邮票的原理

让我们试着将黏合剂剥除的一般理论，套用到揭开邮票的原理中。正在从事黏合工作的是醋酸乙烯酯树脂，而相配的引诱者则是溶于水的聚乙烯醇。

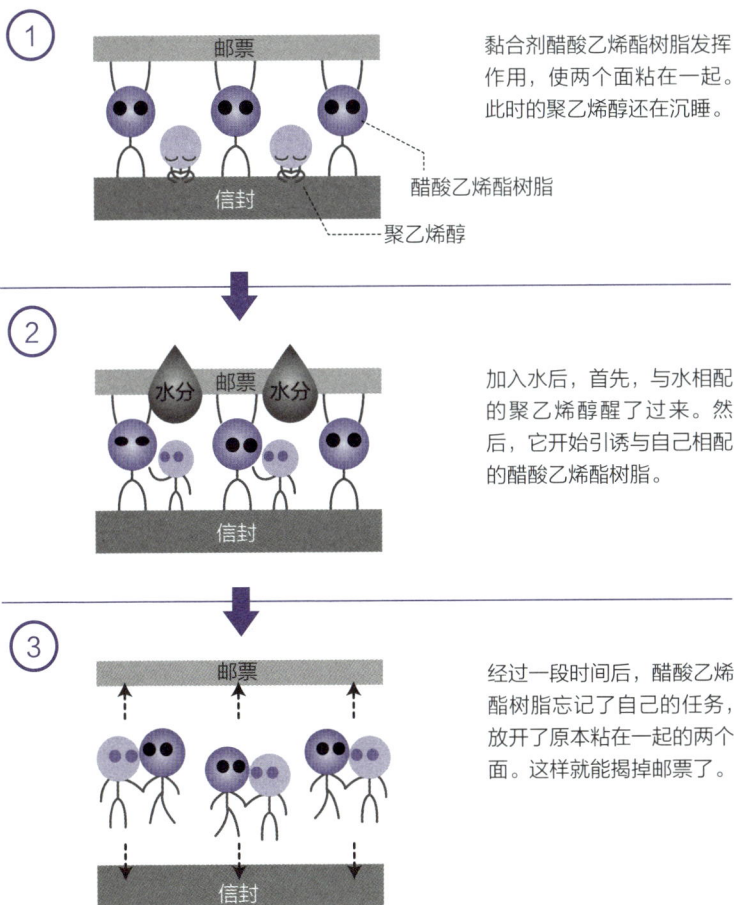

① 黏合剂醋酸乙烯酯树脂发挥作用，使两个面粘在一起。此时的聚乙烯醇还在沉睡。

邮票

醋酸乙烯酯树脂

聚乙烯醇

信封

② 加入水后，首先，与水相配的聚乙烯醇醒了过来。然后，它开始引诱与自己相配的醋酸乙烯酯树脂。

水分 邮票 水分

信封

③ 经过一段时间后，醋酸乙烯酯树脂忘记了自己的任务，放开了原本粘在一起的两个面。这样就能揭掉邮票了。

邮票

信封

|保密贴纸|
热敏材料的隐形魔法

人们不仅在互联网世界中需要谨防信息泄露，在文具中，也有许多便利的产品是为防止个人信息泄露而设计的。

我们在邮寄明信片时，有时会不想让收信人以外的人看到明信片上写的内容，这时**保密贴纸**就派上了用场。只要在想要隐藏的部分贴上保密贴纸，其他人就无法从外部看到明信片上的内容，从而保护了隐私信息。这样，有些需要信封才能邮寄的内容也可以通过邮费比较便宜的明信片寄出了，能有效地节省开销。

保密贴纸的秘密隐藏在**上层纸**和**离型纸**（84页）之间的夹层中，比较便宜的保密贴纸中间是一层黏性较弱的黏合剂，只要揭掉离型纸，将上层纸贴在明信片上就可以隐藏内容了。但是，这种贴纸哪怕被揭掉过一次，也能被重新粘上，因此无法确定是否有第三个人看了其中的内容。

如果想要知道有没有第三者看过，就要用到上层纸和离型纸之间是多层结构的保密贴纸。这种贴纸的中间层包

保密贴纸的结构

保密贴纸有使用弱黏性黏合剂和拟黏合剂两种类型，让我们分别来观察一下它们的结构吧。

使用弱黏性黏合剂的保密贴纸

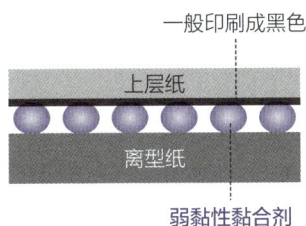

一般印刷成黑色

上层纸

离型纸

弱黏性黏合剂

弱黏性黏合剂使用的是和便签同样的胶水，因此揭开后还能再粘回去。

使用拟黏合剂的保密贴纸

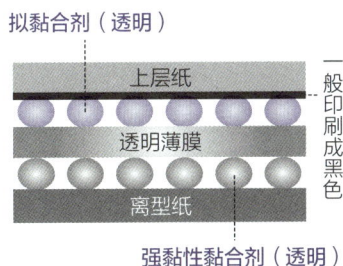

拟黏合剂（透明）

上层纸

透明薄膜

离型纸

一般印刷成黑色

强黏性黏合剂（透明）

揭开就会破坏拟黏合剂层，无法再粘回去。

使用拟黏合剂的保密贴纸的原理

拟黏合剂是一种只能简单地揭下一次的黏合剂。一旦揭下，拟黏合剂层就会被破坏，因此无法恢复原状。

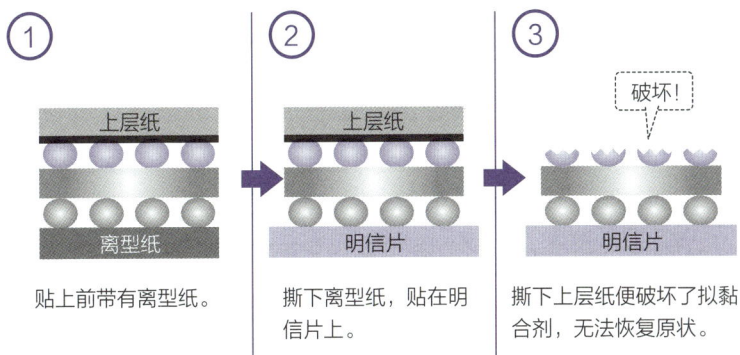

①
上层纸

离型纸

贴上前带有离型纸。

②
上层纸

明信片

撕下离型纸，贴在明信片上。

③
破坏！

明信片

撕下上层纸便破坏了拟黏合剂，无法恢复原状。

含**拟黏合剂**、透明薄膜和强力黏合剂三层。

拟黏合剂是只能揭掉一次的黏合剂，无法再重新粘回去，贴纸只要被揭开过，拟黏合层就会被破坏，无法再恢复原状。这样，我们就能知道是否有人偷看了贴纸后的内容。

拟黏合剂又被称为**再剥离胶水**。通常来说，被胶水粘住的物体是无法被撕下来的，但这种胶水却允许物体被撕下一次。这种黏合剂中运用的技术被称为**拟黏合技术**，在保护个人信息、安全意识高涨的背景下，这种技术的必要性不断提高。

和保密贴纸类似的产品还有**压合明信片**。压合明信片在邮寄银行通知等文件时会用到，只要开封过，就无法再次粘回。这种明信片和保密贴纸一样，也利用了拟黏合技术，压合明信片只在明信片的一面上涂了胶，再令另一页和其紧贴，用巨大的压力按压住两页并放置一段时间。两页纸在紧贴的状态下干燥后，胶水便凝固了。这样，只要打开一次，就无法再恢复原状了，如此便可以确认有没有第三者曾经打开过明信片。

拟黏合技术在 CD 和 DVD 的包装中也有用到，那就是人们熟悉的**安全封条**。包装盒一旦被打开，就能看到"已开封"三个字，从而立即明白盒子被打开过了。

压合明信片的原理

压合明信片和保密贴纸都使用了拟黏合剂。

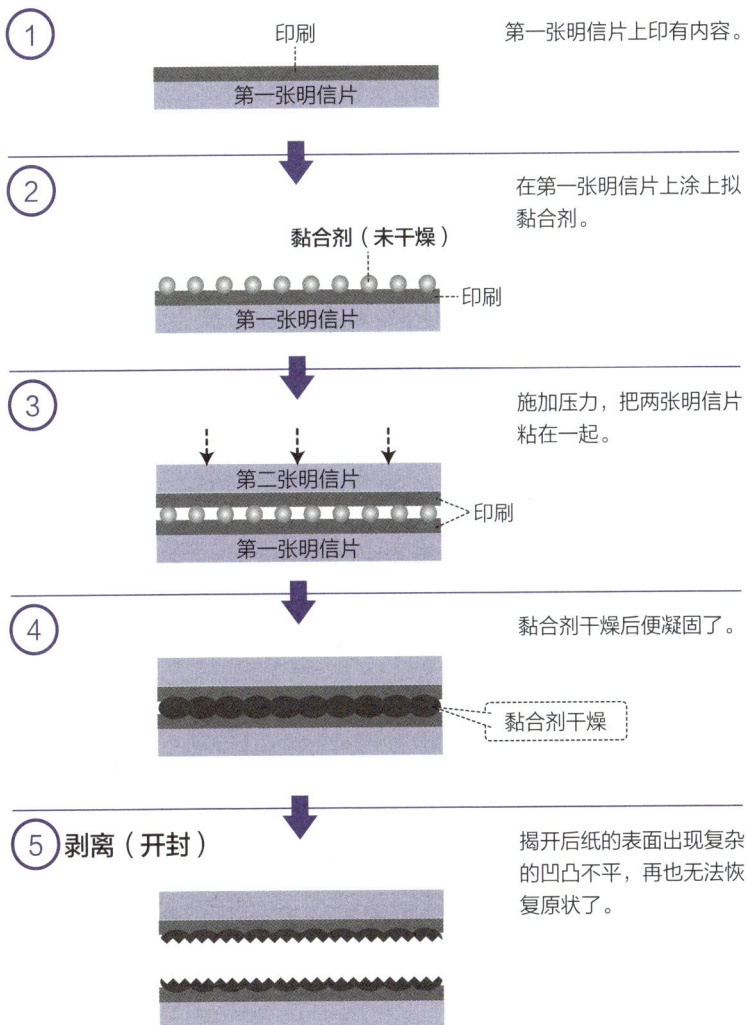

① 印刷
第一张明信片

第一张明信片上印有内容。

② 黏合剂（未干燥）
印刷
第一张明信片

在第一张明信片上涂上拟黏合剂。

③ 第二张明信片
印刷
第一张明信片

施加压力，把两张明信片粘在一起。

④ 黏合剂干燥

黏合剂干燥后便凝固了。

⑤ **剥离（开封）**

揭开后纸的表面出现复杂的凹凸不平，再也无法恢复原状了。

磁钉

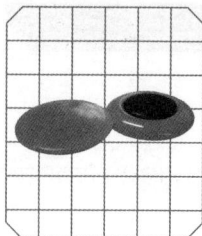

磁力的便捷应用

磁钉能帮助我们将纸固定在白板上，为什么磁铁能够吸附在铁上呢？

一般来说，吸铁石指的就是磁铁。在家中或办公室里提到**磁铁**，人们多会想到用来在冰箱或白板上固定纸张用的磁钉。磁钉通常被包裹在多彩的塑料壳中，十分惹人喜爱。

让我们来观察一下磁钉的内部构造吧！如果不是特别便宜的类型，它的内部应该有一块扁平的磁铁加一个"铁盖子"，这个"铁盖子"到底有什么用呢？

请大家回忆一下小学学到的条形磁铁和 U 形磁铁，两块大小相同的条形磁铁和 U 形磁铁相比，U 形磁铁能够吸起更重的铁块。这是因为，U 形磁铁会使磁感线更加集中，从而增强磁力。另外，U 形磁铁不只是由一个 N 级或 S 级提供引力，而是两个磁极（N 极和 S 极）共同吸引，因此磁力更强。

条形磁铁和 U 形磁铁的磁力是不同的

U 形磁铁的磁力比条形磁铁更强，请观察下图椭圆的部分。

条形磁铁	U 形磁铁

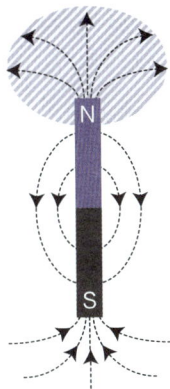

和 U 形磁铁相比，磁极距离远，磁感线很分散。

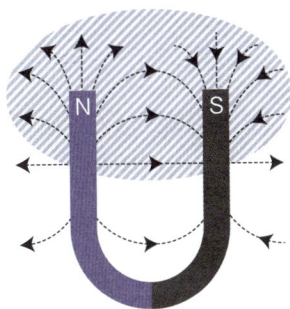

和条形磁铁相比，磁极很接近，磁感线集中。

磁轭的效果

没有磁轭	有磁轭

密度低

密度高

铁盖子（磁轭）

普通状态下，和使用磁轭相比，磁感线的密度低。

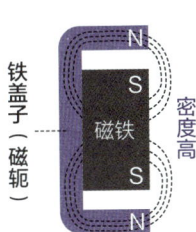

磁感线穿过磁轭，密度增加。同时，磁轭还能使磁极更加靠近接触面。

为了发挥出更强的吸引力，磁铁零件几乎都有铁盖子（磁轭）包裹。磁轭能够增强磁铁的磁力。

　　这一原理就是"铁盖子"存在的原因。铁具有吸收磁力的性质，使用铁盖子封锁磁力，就能使磁力更加集中。同时，铁盖子还能拉近两个分离的磁极。铁盖子的作用就是增强磁铁的磁力。

　　像"铁盖子"一样，能够吸收磁感线从而增强磁力的铁被称为**磁轭**，像发动机这种需要发出强力的机械中，必定会用到磁轭。举个浅显易懂的例子，如果你观察一下家中门板上的磁铁，你就会发现，它一定与铁板组合出现。

　　铁是如何变成磁铁的呢？众所周知，物质是由原子组成的，原子又是由原子核和核外电子组成的。原子中的电子会因自旋而产生磁场，在大部分金属中，向右旋的电子和向左旋的电子会组成对，导致磁场相互抵消。但是，铁中存在零散的电子，无法完全抵消，只要将它们聚合便可使铁有磁性。

　　对磁铁相关领域的研究是日本的优势，这也是研发混合动力汽车和超导磁悬浮列车的基础。对磁铁的研究是门很深奥的科学。

磁铁能吸引铁的原因

铁只要靠近磁铁就会被吸引，这是因为原本散乱的铁的磁性（原子磁矩）在磁铁的影响下指向了特定的方向。

没有磁场靠近时	磁铁 N 级靠近时

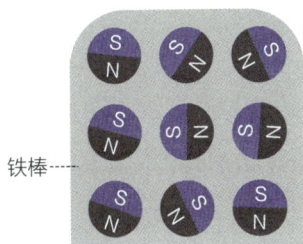

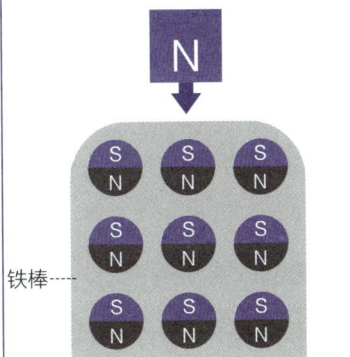

铁棒····

铁棒的磁性朝向四面八方。

铁棒····

受磁铁的影响，磁性方向开始统一，上方为 S 级、下方为 N 级，和磁铁相互吸引。

铁原子的结构

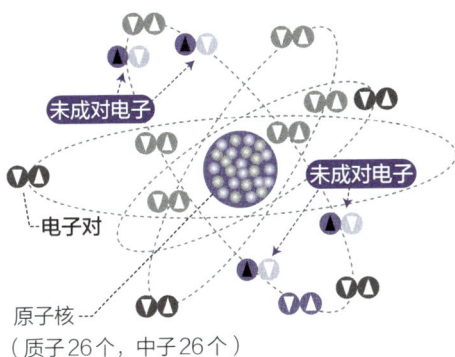

未成对电子

电子对

未成对电子

原子核
（质子26个，中子26个）

电子自旋形成磁场，在一般的原子或分子中，左旋的电子和右旋的电子会成对（电子对），导致自旋的效果相互抵消，并不会表现出磁性。但是，铁原子中有 4 个无法成对的电子（未成对电子），这些电子聚集，便会使铁成为磁铁。

专栏

人类历史上最早的黏合剂竟是沥青！

"黏合"是制造物品的基础。有文明的地方，一定有用来黏合的东西，也就是黏合剂。

据说，最早被人类当作黏合剂使用的物质是天然沥青。如道路铺设、防水等工程，沥青现在被应用于身边很多的场景，但其实人类自古以来就了解这种天然物质，并一直将其作为黏合剂使用。

例如，《圣经旧约》中著名的"诺亚方舟传说"中，用作方舟防水剂的黏合剂就是沥青（即焦油）。此外，在美索不达米亚文明、印度文明中，也有将沥青用作建材和防水剂的记录，在埃及文明中，沥青则被用于木乃伊的保存等场景。

在日本，秋田等地也出土了附着了天然沥青的箭头和用沥青修补的陶器和陶俑。据了解，从绳文时代❶开始，沥青就是一种人们十分重视的黏合剂。

---

❶ 日本绳文时代，公元前 12000—公元前 300 年。

第三章

切割与固定工具中的力学奥秘

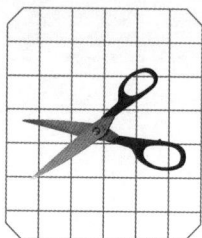

剪刀
杠杆原理的经典应用

剪刀剪切物体的原理十分精妙，有时左撇子用右撇子使用的剪刀时会感到不太舒服，其原因就在于剪刀剪切的原理。

剪刀有**叉式剪刀**和**握把剪刀**两类，握把剪刀在古罗马时期的物品中就有发现，而叉式剪刀则可以追溯到更早以前的古希腊出土文物中。

话说回来，握把剪刀（后文就称为剪刀）为什么能剪开纸张和布料呢？剪刀是我们平常使用惯了的工具，它能剪断物品，并不是因为它拥有和刀具那般锋利的刃，通常来说，只靠单边剪刀的刃，没办法像刀子那样切开纸片。

剪刀能够剪东西的奥秘隐藏在"缝隙"和"弯曲"中。剪刀的两枚刀片间存在缝隙，并且刀片整体是向内侧弯曲的，这样在剪切时，就只有被剪开的那一点和剪刀刃接触，保证了力的集中。

但是，上面的介绍无法解释为什么左利手用右利手剪刀时会感到不舒服。

叉式剪刀和握把剪刀

剪刀按形状可大致分为叉式剪刀和握把剪刀两类，让我们分别看下它们的特征吧！

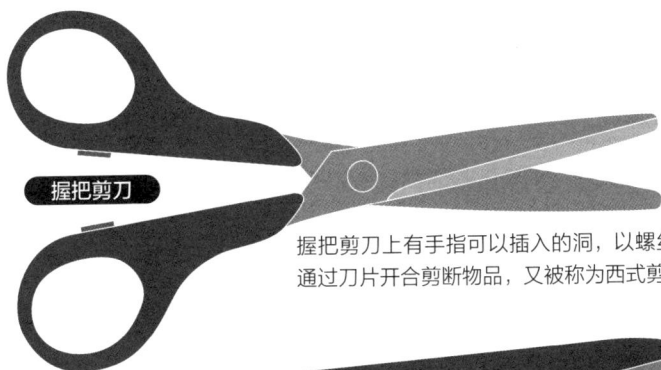

握把剪刀

握把剪刀上有手指可以插入的洞，以螺丝为支点通过刀片开合剪断物品，又被称为西式剪刀。

叉式剪刀

叉式剪刀没有手指可以插入的洞，通过捏的动作剪断物品。

两片刀片的力被集中于一点

剪刀的两片刀片中间有缝隙，且两片刀片都向内弯曲。这种结构能使手指的力量集中在一点上，使剪纸不费力。这也和裁纸机裁纸的原理相同。

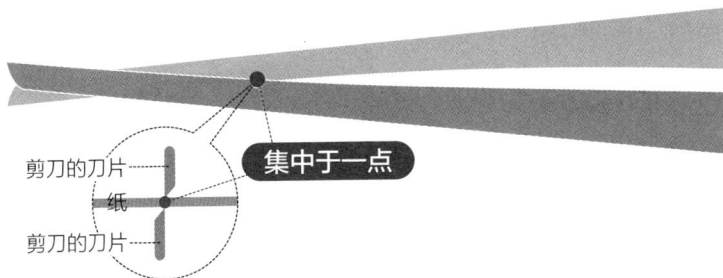

集中于一点

剪刀的刀片

纸

剪刀的刀片

我们可以观察一下使用剪刀时大拇指的动作。将其他四指视为固定不动，剪东西时大拇指的动作就像是在无意识地按压剪刀片。当右利手使用右利手剪刀时，剪刀中两枚刀片的安装方式能使刀片紧密贴合在一起。

更加具体地说，在右利手使用右利手剪刀时，若你手掌向上，观察被拇指控制的刀片，会发现这个刀片正处于另一刀片的上方。这样的刀片安装顺序使得右手在握紧剪刀时，可以通过拇指按压刀片使两枚刀片收拢。

这样，剪的时候就能使两枚刀片只在一点上接触，确保力量集中于此。

导致左利手的人用不惯右利手剪刀的，正是剪刀这种不对称的特点。当左利手的人用右利手剪刀时，剪刀的刀片会张开，中间的缝隙会扩大。

最后，我们来了解一下叉式剪刀。这种剪刀虽然早在古希腊时期就有人使用，但日本人在现代也在广泛使用。也正因此，叉式剪刀在日本又被称为日式剪刀。

右利手剪刀和左利手剪刀

右利手用

左利手用

现在市面上除了标准的右利手剪刀外，也有左利手剪刀。它们的构造有何不同呢？

右手拇指控制的那片刀片在上方。

左手拇指控制的那片刀片在上方。

左利手的人用不好右利手剪刀的原因

右利手的人使用右利手剪刀时，右手拇指会无意识地按压剪刀刀片，此时右利手剪刀刀片的安装顺序能够使刀片在这种力的作用下收拢。然而，当左利手的人使用这种剪刀时，反而会使两枚刀片间的缝隙变宽，因此让人感觉很难使用。

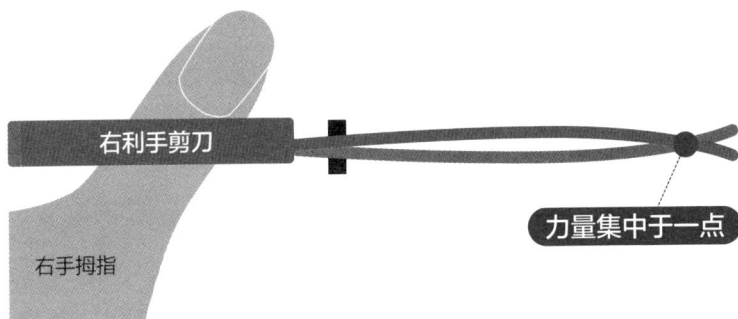

右利手剪刀

力量集中于一点

右手拇指

|高性能剪刀|
材料科学与力学的结合

剪刀拥有两千年以上的历史，至今仍在被不断改良，例如，利用数学原理研发出的剪刀也已进入市场。

数学有时会被用在人们意想不到的领域中，例如，在网络安全领域中会用到**质数**。质数是一类除了 1 和其本身外不再有其他因数的自然数，如 2、3、5、7 等。

在文具开发领域，也有利用数学原理设计出的畅销商品。例如，普乐士公司发售了弧形刃剪。普乐士公司发现，当剪刀的两枚刀片间夹角为 30° 时，剪刀最为锋利。因此，他们开始开发能够在剪切时始终保持这一夹角的剪刀。最终帮助他们实现这一目标的是一种叫作**等角螺线**的曲线。利用这种曲线，剪刀刃在使用中就能始终保持约 30° 的夹角。这样，从剪刀根部到剪刀尖端都能够保持最锋利的剪切状态。

这种弧形刀刃的名字又叫作"**伯努利刃**"，这个名字源于著名数学家雅各布·伯努利。伯努利是一位成果丰硕

等角螺线是什么？

等角螺线又被称为伯努利螺线、对数螺线，是沿放射方向按一定角度（下图中的 α）行进的轨迹曲线。如向日葵花盘上种子的排列、仙人掌上的螺旋等，等角螺线在生物世界里随处可见。

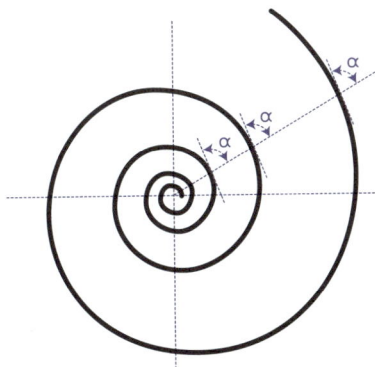

伯努利刃的构造

利用等角螺线，使切断点处两枚刀片的夹角始终约为 30°。

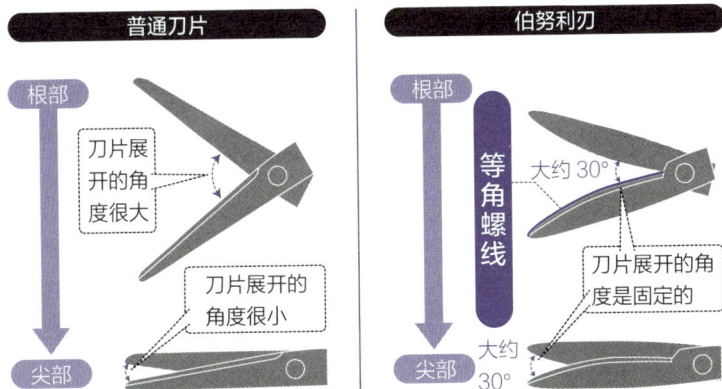

普通刀片

根部

刀片展开的角度很大

刀片展开的角度很小

尖部

伯努利刃

根部

等角螺线

大约 30°

刀片展开的角度是固定的

尖部

大约 30°

的数学家，等角螺线（又称伯努利螺线，斐波那契螺旋线为其特例）是其研究成果之一。

我们可以想象，有一个人沿着放射方向按照固定的角度行走，将这个人走过的轨迹画出来，就形成了等角螺线。其实，如海螺壳上的旋转曲线和向日葵花盘上的种子排列出的曲线等，自然界中常见的许多旋涡状曲线，都是等角螺线。

近年来对剪刀的改良成果还不止于此。如国誉公司研发的"不黏胶剪刀"，这种剪刀的两枚刀片只有刀尖部分贴合，刃的内侧是悬空的，因此即便用它来剪胶带，胶也不会粘到剪刀刃上。剪刀变得不锋利的一个重要原因就是刀刃上有太多胶，因此这种工艺十分有价值。

说到"不会粘到胶"，现在刀刃上涂有氟涂层的剪刀也十分受欢迎。氟聚合物上的污垢很容易被去除，在平底锅中也多有使用。将氟聚合物涂到剪刀刃上，黏胶之类的物质就难以附着上去了。

"不黏胶剪刀"的原理

两片刀片只有刀尖接触，刀片内侧悬空。用国誉公司开发的这种刀片剪胶带，胶也不会粘在刀片上。

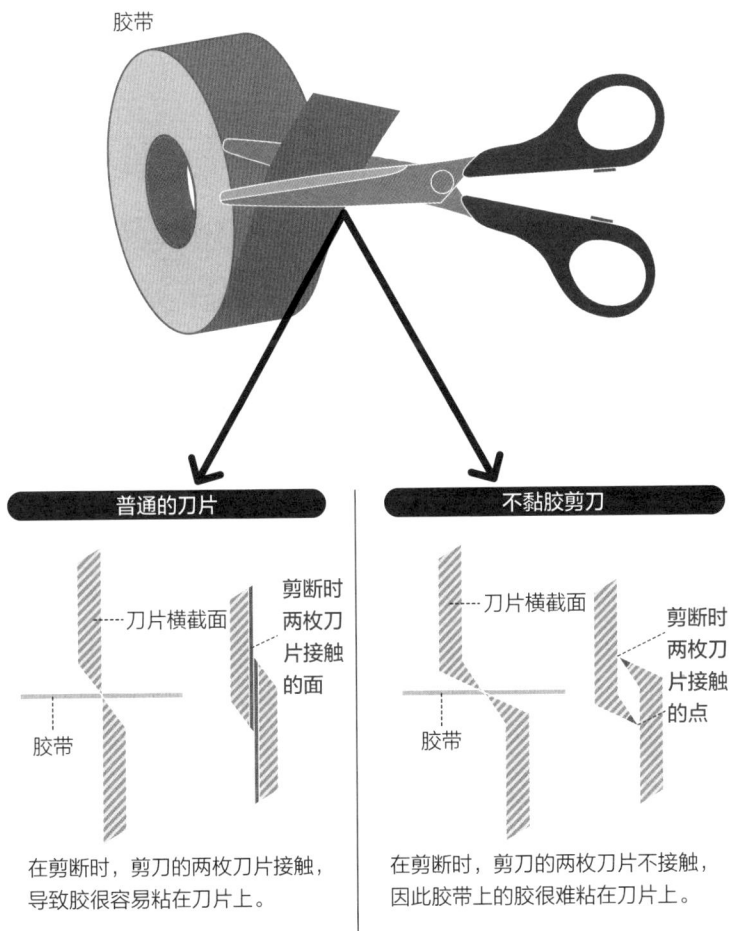

胶带

普通的刀片	不黏胶剪刀

刀片横截面

剪断时两枚刀片接触的面

胶带

刀片横截面

剪断时两枚刀片接触的点

胶带

在剪断时，剪刀的两枚刀片接触，导致胶很容易粘在刀片上。

在剪断时，剪刀的两枚刀片不接触，因此胶带上的胶很难粘在刀片上。

|美工刀|
锋利与安全的平衡设计

美工刀于 1960 年上市，它颠覆了人们对于刀要"磨"的常识，提出了刀可以"折断"的思路。

　　美工刀是我们生活中十分熟悉的物品。这种刀使用时钝了也不用磨，只要干脆地折断一节就可以快捷地恢复刀的锋利。

　　美工刀刃的设计灵感来自玻璃碎片和巧克力板。在过去，印刷厂里会用刀或剃须刀的刀片来切纸，但是刀片很容易磨损至不能使用。在思考能否避免这种浪费时，人们了解到"过去的工匠会使用碎裂的玻璃来切纸"，因此产生了"玻璃碎片—切割—巧克力板"的想象，并最终形成了"可折断刀片"的创新想法。"OLFA"（爱利华，与生产公司同名）是"可折断刀片"这一划时代设计的绝佳字母化商品名❶，这一商品上市于 1956 年。

---

❶　因为可折断刀片的日语读音是 ORUHA，可以被缩写成 OLHA，据说当时考虑到有些国家的语言中 H 不发音（比如西班牙语和法语），因此生产这个产品的公司最终将名字确定为 OLFA，在这里作者才说这是绝佳的名字。

从玻璃碎片和巧克力板中诞生的"可折断刀片"

美工刀是办公室工作中不可缺少的工具，这一文具是日本首创的发明。1956 年，OLFA 的创始人从玻璃碎片和巧克力板中获得灵感，设计出了"可折断刀片"的美工刀。

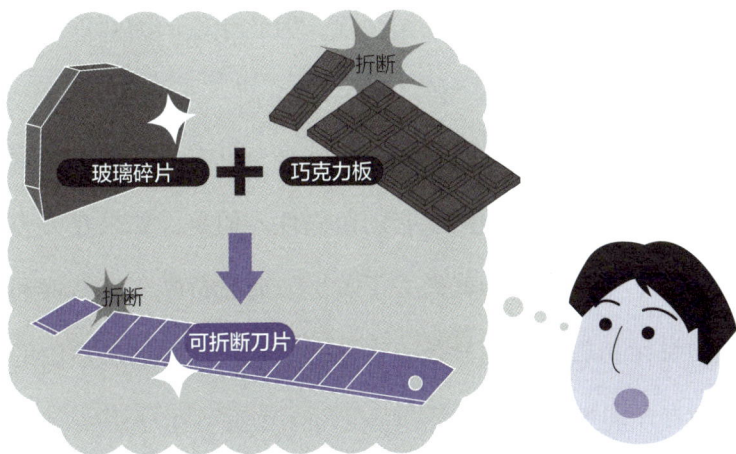

玻璃碎片 ＋ 巧克力板

折断

可折断刀片

美工刀的构造

美工刀有各种各样的尺寸和形状。
右图是用螺丝锁固定刀片的类型。

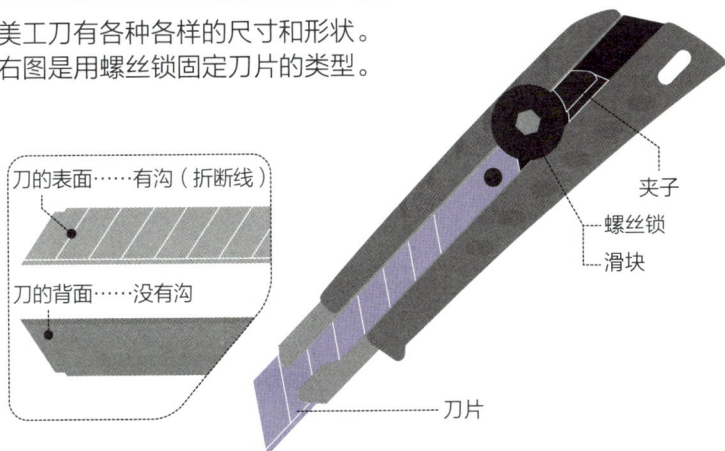

刀的表面……有沟（折断线）

刀的背面……没有沟

夹子
螺丝锁
滑块

刀片

近年来，生产厂商在可折断的刀片上添加了许多新技术，以延长刀刃的使用寿命。例如，市面上开始销售涂氟的刀片。在介绍高性能剪刀一节中（110页）我们说过，氟聚合物上的污垢很容易被去除，因此涂氟的刀片能够不沾脏污，持久地保持锋利。

市面上还有钛涂层美工刀。钛合金具有最高等级的强度，这种产品正是利用了它的坚固性。但是，如果在刀刃强度上下太多功夫，就失去了美工刀通过折断来维持锋利性的设计初衷。毕竟只是一次性的刀片，只要拥有适中的使用寿命即可。

在使用美工刀切纸时，最好使用**切割垫板**。虽然也有人用废杂志和废报纸充当垫板，但这并不是好方法。理由很简单，这其实等同于一次切割了好几张纸，会对刀片造成损害。几乎所有人使用切割垫板都是为了避免划伤桌子，但其实切割垫板也能够同时保护刀片。因为具有双层结构的切割垫板的表面柔软，能够温和地包裹住刀片，保护刀片不受损害。

有涂氟工艺的刀片

氟聚合物具有排斥油性和树脂性物质的性质，因此将其涂在刀片上，能够让刀片难以粘上胶带上的黏合剂。氟聚合物涂层在平底锅上的应用也很有名。

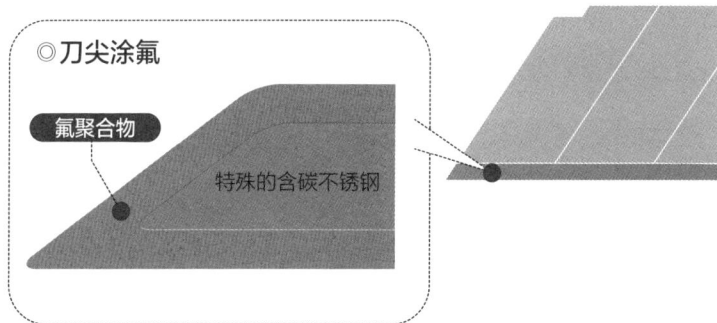

◎刀尖涂氟

氟聚合物

特殊的含碳不锈钢

切割垫板的构造

切割垫板是在硬质聚氯乙烯层上贴覆一层软质聚氯乙烯制成的，柔软的聚氯乙烯层可以保护刀片。

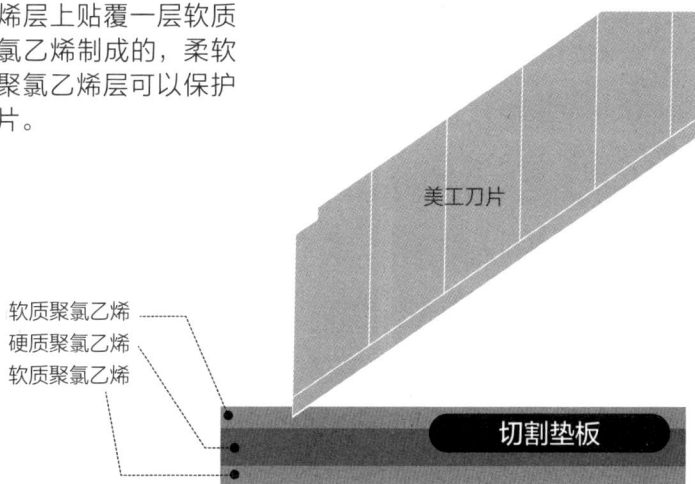

美工刀片

软质聚氯乙烯
硬质聚氯乙烯
软质聚氯乙烯

切割垫板

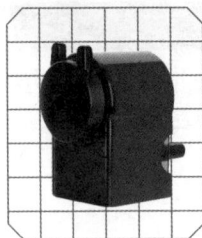

卷笔刀
旋转切削的精密技术

只要转动卷笔刀的把手，铅笔就能被漂亮地削好了。虽然卷笔刀是早就已经存在的文具，但其中的设计其实非常精巧。

卷笔刀在明治末期从美国传入日本，直到昭和30年代❶才得到了普及。在那之前，人们都是使用刀或小刀来削铅笔的。

卷笔刀的内部有一个螺旋状的刀片能够围绕铅笔旋转。便宜的卷笔刀还不到1000日元（约48元人民币），但其原理却十分精妙。

在金属加工领域，**车床**是切削圆柱体的基本机械。具体来说，车床将刀片垂直放于高速旋转的金属棒上，从而将其切削成目标形状。这种加工方法，在制作木芥子人偶❷时也会用到。

卷笔刀的思路和车床相同，但不同的是卷笔刀是保持

---

❶ 昭和30年代大约指1955—1965年。

❷ 木芥子人偶是日本东北地区的一种木制人偶，由球体的头和圆柱体的躯干组成，没有四肢。

卷笔刀的内部构造

下图展示的是卷笔刀内部示意图。在固定的齿轮中，还有一个会旋转的齿轮（行星齿轮）。

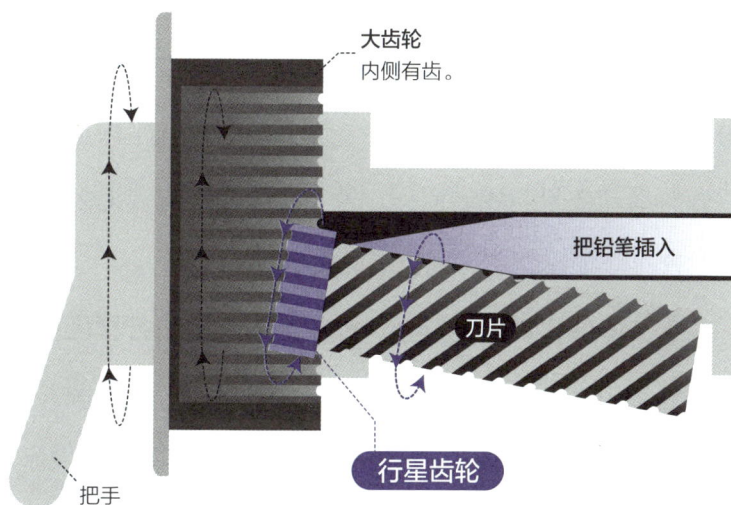

大齿轮
内侧有齿。

把铅笔插入

刀片

行星齿轮

把手

行星齿轮和刀片围绕铅笔旋转

将上图侧过来就成了左图。行星齿轮带着被斜装在上面的螺旋形刀片旋转，削掉铅笔。

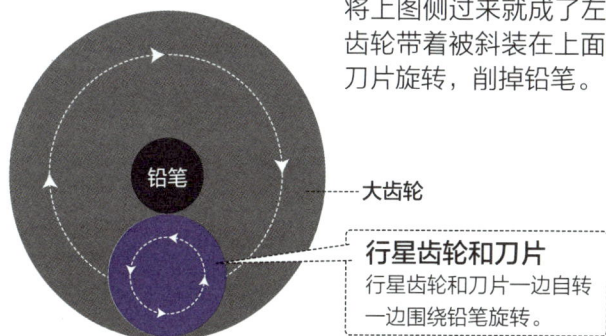

铅笔

····· **大齿轮**

行星齿轮和刀片
行星齿轮和刀片一边自转一边围绕铅笔旋转。

铅笔不动，而刀片在转动。这样设计是因为结构脆弱的铅笔经不起高速旋转。

为了使铅笔变尖，刀片必须要实现斜向移动，因此卷笔刀中使用的是螺旋状的刀片（被称为**螺旋刀片**），螺旋刀片被倾斜着安装在卷笔刀中，其旋转效果和车床上刀片的倾斜移动效果相同。同样，若和车床一样安装上多个刀片，这也能提高卷笔刀削铅笔的效率。

为了能够实现斜向移动，螺旋形刀片是用**行星齿轮**安装至卷笔刀上的。行星齿轮能够一边自转，一边围绕其他齿轮旋转。转动卷笔刀的把手时，外框上固定齿轮的内侧，就会有一个连接着螺旋刀片的小齿轮在转动。行星齿轮在我们看不到的地方发挥着很大的作用，例如，汽车上的自动变速器和空调上的回转泵中，都用到了行星齿轮。

提起卷笔刀，如果不介绍便携式的卷笔刀，似乎有些不公平。这种便携式的卷笔刀也十分受大家喜爱。尽管只是起售价 100 日元（约 5 元人民币）的小东西，但它能被放在铅笔盒的角落里，对于铅笔爱好者是使用起来十分便利的工具。现在还有一种利用棘轮螺丝刀原理的卷笔刀，只要左右转动铅笔就能削铅笔。看来，在卷笔刀的领域中，也不断出现着创新。

从车床到卷笔刀

卷笔刀削铅笔的基本原理和车床相同，只要如下图所示对车床进行改造，就能制造出卷笔刀了。

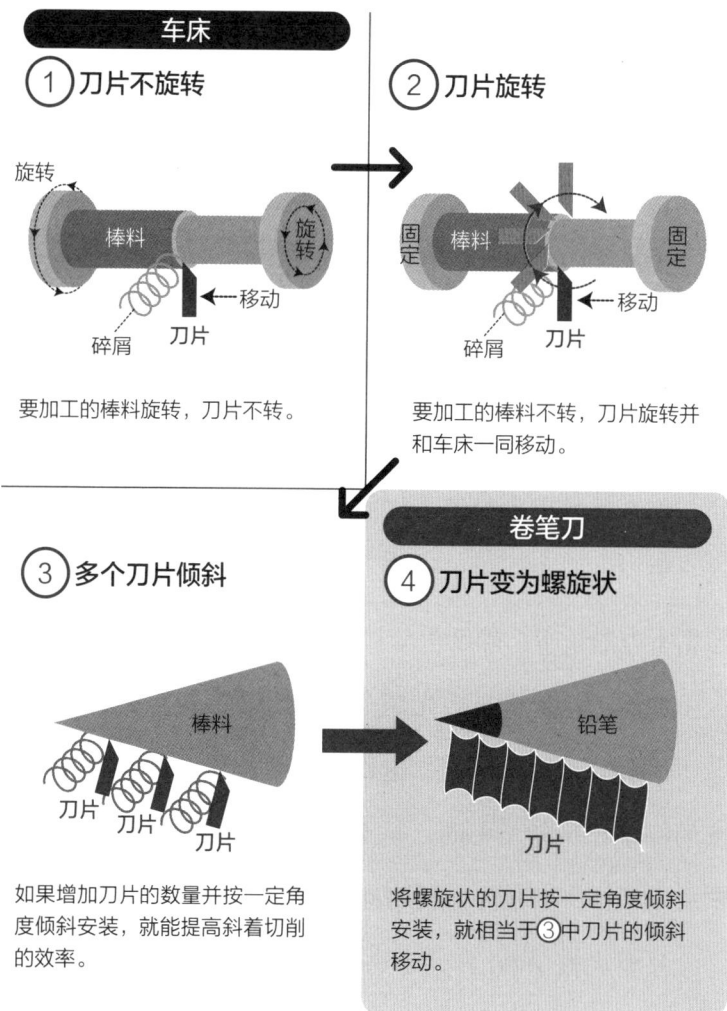

车床

① 刀片不旋转

旋转

棒料

旋转

碎屑

刀片

← 移动

要加工的棒料旋转，刀片不转。

② 刀片旋转

固定

棒料

固定

碎屑

刀片

← 移动

要加工的棒料不转，刀片旋转并和车床一同移动。

③ 多个刀片倾斜

棒料

刀片 刀片

刀片

如果增加刀片的数量并按一定角度倾斜安装，就能提高斜着切削的效率。

卷笔刀

④ 刀片变为螺旋状

铅笔

刀片

将螺旋状的刀片按一定角度倾斜安装，就相当于③中刀片的倾斜移动。

碎纸机

机械力学的"保密神器"

只要大约 1000 日元（约 48 元人民币）就能买到的家用碎纸机十分畅销，这也许是因为滥用个人隐私的犯罪行为正在增多吧。

　　社会上许多人正在大声疾呼保护隐私的重要性。不只企业的隐私信息十分重要，现在也有人们因在生活垃圾中泄露了住址、电话号码和银行账户等信息而受害的例子。也正因此，家庭用**碎纸机**也开始普及。

　　碎纸机是用来粉碎文件的工具。在尚且没有"个人隐私"等词汇的半个多世纪前，在经常被欧美国家批评保护隐私不力的日本，碎纸机却被发明出来了。

　　据说，碎纸机是明光商会创始人高木礼二在观察到乌冬压面机后发明出来的。这件事听起来似乎很简单，但是纸的纤维和乌冬面不同，是很难被切断的。想要迅速地粉碎大量纸张，也是需要利用许多方法的。

　　只要大概 1000 日元（约 48 元人民币）就能买到的家用碎纸机，也能用来粉碎 CD 或 DVD 光盘。光盘被广泛用

碎纸机的创意来自压面机

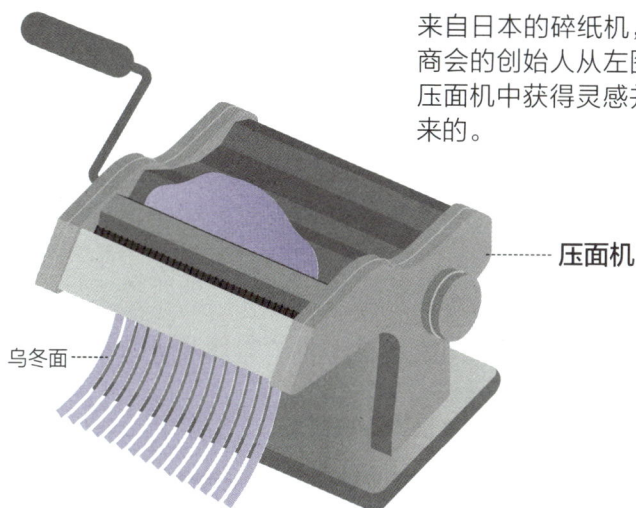

来自日本的碎纸机，是明光商会的创始人从左图所示的压面机中获得灵感并制造出来的。

压面机

乌冬面

碎纸机碎纸的类型

碎纸机刀片的基础切法是直线切断，也有在直线切断后再进一步斜切（或水平切割）的碎纸机类型。

直切	螺旋切割

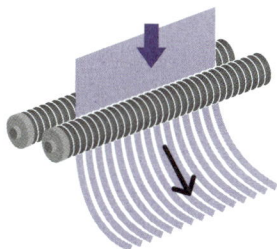

和压面机完全相同的碎纸机，圆形刀刃相互重叠，像剪刀一样切割纸张。

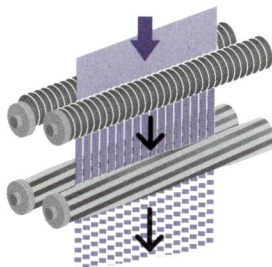

纵向切割后再斜切，进一步粉碎纸张。

在数据备份当中，因此家用碎纸机的这项功能带来了很大的便利。不过，要记得做好粉碎后垃圾的分类工作哦！

市面上也有一种将多个剪刀合体制成的**碎纸剪**，若是只粉碎几张纸，用这种碎纸剪就可以了。

还有一种较为便利的隐私保护方式，就是不对纸张进行物理破坏，而是用"**保密印章**"这类产品对文字部分进行覆盖。这类文具利用的是"用文字盖住文字"这一独特的想法。

不过，过去有"用碎纸机碎过的纸难以回收利用"的意见，因为碎纸机会把纸张切得过于细碎。不过现在回收技术已经进步了，虽然在家中还是只能将碎纸机碎过的纸放进可燃垃圾中，但是在办公室中已经有了回收这类资源的装置。

现在来自银行的通知和直邮信件也多了起来，因此对碎纸机的需求会越来越多。不过，近年来也发生了一些幼儿的手指被卷入碎纸机的事故，我们要注意认真地告诉孩子，碎纸机内有锋利刀片，存在危险。

碎纸剪

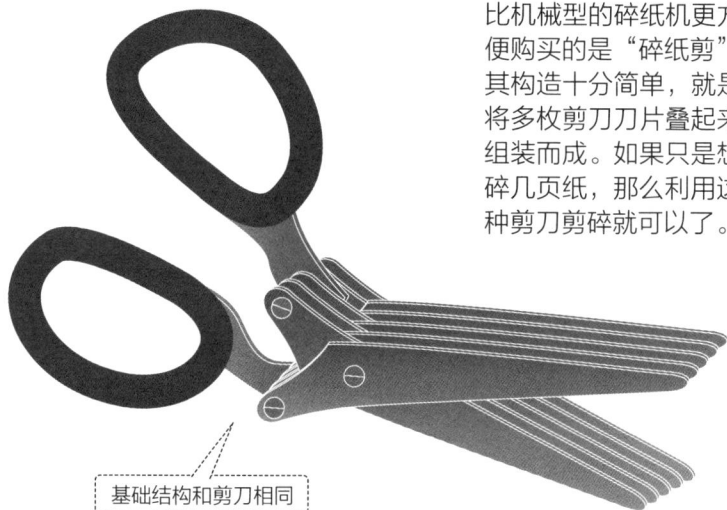

比机械型的碎纸机更方便购买的是"碎纸剪"。其构造十分简单，就是将多枚剪刀刀片叠起来组装而成。如果只是想碎几页纸，那么利用这种剪刀剪碎就可以了。

基础结构和剪刀相同

用墨水隐藏信息的"保密印章"

想要防止个人信息泄露，如普乐士公司推出的"保密印章"，用墨水来隐藏信息的文具也是不错的选择。虽然不能彻底消除信息，但能够简单地消除明信片或信封上面写着的住址、姓名等信息。除了印章式，市面上还有滚筒式的。

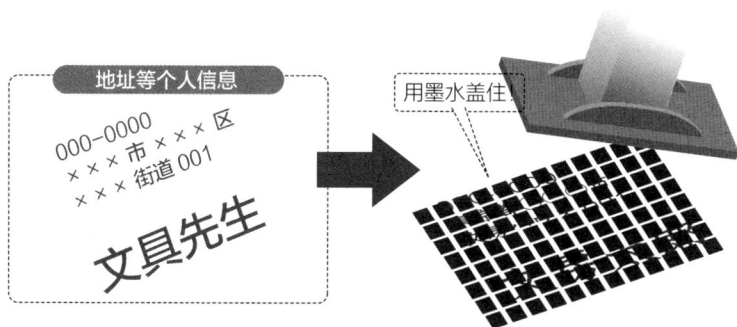

地址等个人信息

000-0000 ×××市×××区
×××街道 001

文具先生

用墨水盖住！

订书机
压力与弹簧的完美协作

· ·

订书机是装订文件必备的文具，在日本，人们更多称它为 Hotchkiss[1]。

小型订书机于 1952 年开始在日本销售，这种人们称作 Hotchkiss 的文具很快就传遍了全国。自那以来，Hotchkiss 这一商品名甚至比"订书机"这个正确的称呼更加广为人知。

订书机的基本原理从被发明起至今都没有变化。其原理是将金属加工中的冲压加工技术应用在特制的订书针上，利用被称为"**压形器**"的板子上的力，把订书针压入被称为"**钉槽**"的模具中，使其弯曲成眼镜一样的形状，就能够把纸装订在一起了。这一连串的动作被称为"**钉**"。

传统的订书机都会把订书钉压成眼镜一样的形状，但是，如果将多叠装订好的文件叠放，订书钉的部位就会明显比其他地方厚一点，不易整理。

---

❶ Hotchkiss（ホッチキス）是较早在日本销售的订书机品牌名，后来被用作这类商品的代称。

订书机的构造及部件名称

订书机通过将订书钉压入纸中来装订纸张。订书机又被称为
Hotchkiss，据说提出这一商品名的人是美国人 Hotchkiss。

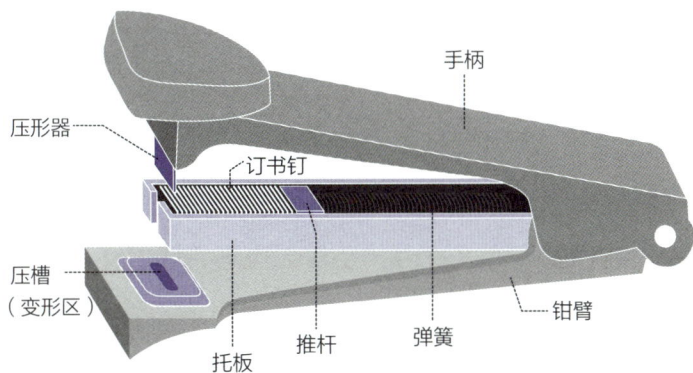

手柄

压形器

订书钉

压槽
（变形区）

钳臂

托板　推杆　弹簧

"钉"的过程

就像在冲压过程中把金属压在模具上一样，压形器会把订书钉压
进压槽中。

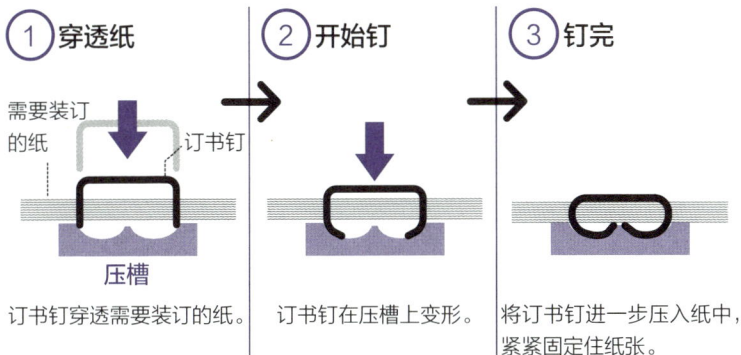

① 穿透纸

需要装订
的纸

订书钉

压槽

订书钉穿透需要装订的纸。

② 开始钉

订书钉在压槽上变形。

③ 钉完

将订书钉进一步压入纸中，
紧紧固定住纸张。

因此，**平折的针脚弯曲方法**开始受到人们欢迎。通过在订书机上安装金属导板，使订书钉平折，文件无论叠放几层就都能平放了。

不过，订书钉又是怎么制造出来的呢？也许你会感到有些意外，制作订书机的铁丝在经过电镀后，是被黏合剂粘在一起成型的。所以，订书钉能一根一根地从订书机上被钉下来。

人们在回收废弃文件时，经常会抱怨"订书钉太难拆了"。不过，据说铁制订书钉并不会妨碍再生纸的制作。因为废纸溶进水中后会变得黏稠，比重较重的铁钉能够被轻松除掉。这就是为什么有些订书钉的包装盒上会写"订书钉并不会妨碍废纸回收利用"。

在已经被普及使用了有六十年之久的订书机身上，最近却兴起了一场革命。不用订书钉的订书机、使用纸质订书钉的订书机、能够轻松装订几十页文件的订书机等均现身市场，接下来的一节，将会仔细介绍这些新兴的订书机。

平钉订书机的原理

传统的订书机是将订书针弯曲成类似眼镜的形状。平钉订书机能够将订书钉弯成平的。

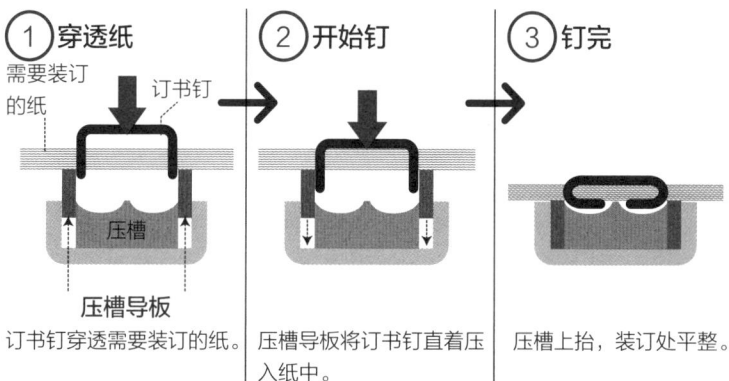

① 穿透纸

需要装订的纸　订书钉

压槽

压槽导板

订书钉穿透需要装订的纸。

② 开始钉

压槽导板将订书钉直着压入纸中。

③ 钉完

压槽上抬，装订处平整。

◎ **传统订书机的缺点和平钉订书机的优点**

传统订书机装订的文件在堆叠时稳定性不好。平钉订书机装订的文件即使堆叠起来也很平整。

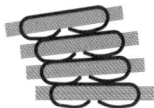

传统订书机

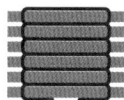

平针订书机

订书钉的设计也很巧妙

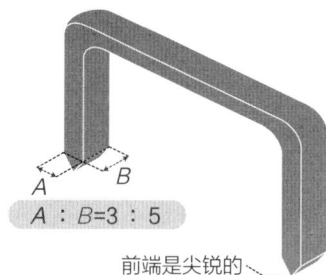

$A:B=3:5$

前端是尖锐的

订书钉扁平的部分更容易弯曲，厚的部分不容易弯曲。因此，其横截面长宽尺寸被设计为 3 ∶ 5。同时，为了避免出现装订损坏，钉尖被设计成最合适的角度，这样即使使用较轻的力也能直接穿过纸张。

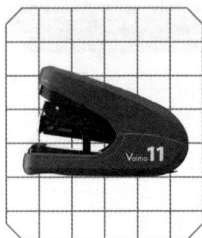

高性能订书机
更省力，更高效

近年来，兴起了一股研发创新型订书机的热潮，虽然订书机只是一种手掌大的小型文具，但其中也凝结着许多巧思。

订书机被广泛使用已有六十多年的历史，然而，近年来在该领域的研发竞争却更加激烈了。例如，人们研发出了一种能够一次装订 40 张纸的小型订书机。在此之前，小型订书机最多只能装订 20 张纸，若要装订更多纸，就只能利用订书钉更粗的大型订书机了。

要使手掌就能握住的小型订书机一次订 40 张纸，需要进行许多创新。例如，美克司公司推出的 Vaimo 订书机，为使订书钉能垂直穿透纸面而添加了导板，还应用**双重杠杆原理**减轻了装订所用的力。杠杆原理是指改变支点位置，就能够将所施加的力成倍扩大。**双重杠杆**就是利用了两次杠杆原理。

无针订书机也是近些年来引人注目的商品之一。这种订书机通过把打穿的纸重新折回来装订纸张。有趣的是，

杠杆原理和订书机

杠杆原理是指通过改变支点的位置，能使施加的力量倍增的原理。在普通订书机中，外部施加的力量和订书机按压订书钉的力量相等。

◎杠杆原理

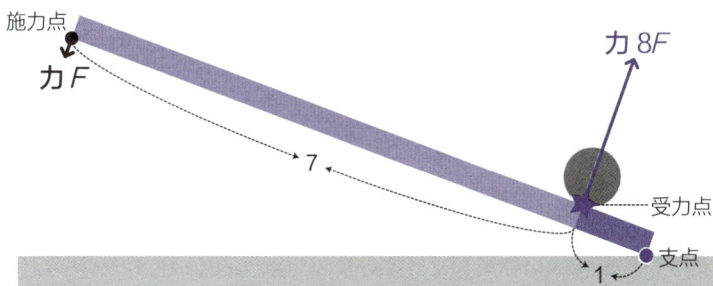

施力点

力 F

力 $8F$

7

受力点

1

支点

如上图所示，如果施力点到支点的距离是支点到受力点的距离的 8 倍，则作用点被施加的力是施加在施力点上的力的 8 倍。这就是杠杆原理。

◎普通订书机

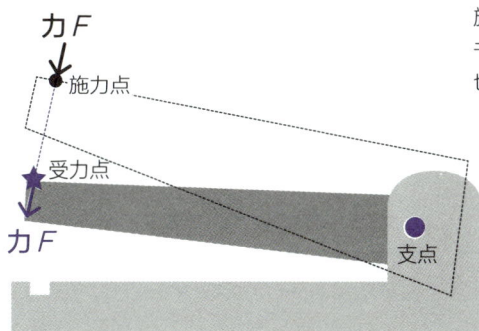

力 F

施力点

受力点

力 F

支点

施加给订书机的力是 F，订书机按压订书钉的力也是 F，也就是说这两个力相等。

这种翻折纸张的方式和缝纫机的工作方式类似。

无针订书机最大的优点当然是不需要重新装填订书钉，除此之外，需要碎纸时也不必重新拆下订书钉。拆订书钉是十分辛苦的工作，若能避开当然很好。不过，无钉订书机会在文件上穿出一个洞，如果不想伤害纸面就难以做到。

纸钉订书机的研发工作也很值得一提。纸钉订书机安装在前端的开孔器一边引导纸质订书钉，一边在文件上打孔，当其返回时，纸钉随之弯折，此时，纸钉上附带的黏合剂就会粘紧，将纸张装订起来。和无钉订书机一样，被纸钉订书机装订的文件在废弃时，也直接放进碎纸机就可以了。不过，这种订书机使用的是特制的纸质订书钉，会增加一些额外支出。

从对订书机的开发竞争中，我们可以窥见人们对文具的痴迷和对改良创新文具的坚持。

利用双重杠杆的高性能订书机

美克司公司推出的 Vaimo 订书机利用双重杠杆，减轻了装订要用到的力。让我们来看看其原理吧。

第一重杠杆	第二重杠杆

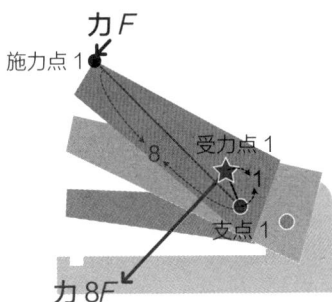

施加力 F 后，受力点 1 将承受 $8F$ 的力。

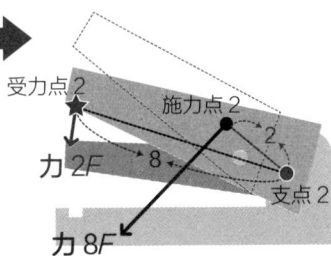

对受力点 2，施加的是 1/4 的力，也就是 $2F$ 的力。这样，按压订书钉的力就是所施加力的两倍。

无钉订书机的原理

不同厂家和产品系列所生产的无钉订书机原理并不相同，下图展示的是利用和缝纫机相似的原理进行装订的订书机（普乐士公司生产的无钉订书机）。

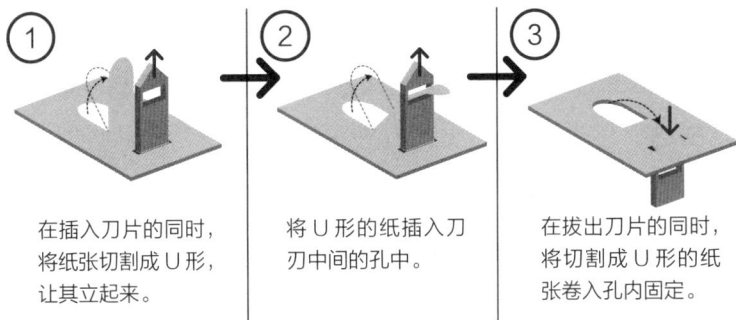

① 在插入刀片的同时，将纸张切割成 U 形，让其立起来。

② 将 U 形的纸插入刀刃中间的孔中。

③ 在拔出刀片的同时，将切割成 U 形的纸张卷入孔内固定。

|夹子|
弹力与压力的科学结合

夹子是能够将散乱的纸张整理整齐的文具，让我们来一起了解一下它的发展历史吧。

　　夹子是在 19 世纪中期的美国被发明出来的。那时用的只是铁丝弯折成的形状简单的夹子，现在我们买衬衫时也能看到这种夹子被用来固定衬衫，防止衬衫变形。据说，在这种夹子出现前，欧美是以用图钉在纸上打孔的方式固定纸张的。

　　到了 19 世纪末，我们现在常用的**回形针**才被发明出来。尽管它只是一种将铁丝旋转一圈半而成的简单物品，却十分畅销，这也告诉我们，物品的形状是十分重要的。

　　夹子夹住纸张的力来自哪里呢？夹子有铁制的也有塑料制的，但这两种物质都有在变形后能恢复原状的性质，夹子正是利用这一性质来夹住纸的。那么，这种恢复原状的性质又是如何产生的呢？

　　在纳米级别上观察的话，其实这种力追根溯源，是一

夹子的变迁史

随着时代的发展，夹子的形状变得越来越便于使用。早期的夹子形状十分简单。

早期的夹子	回形针

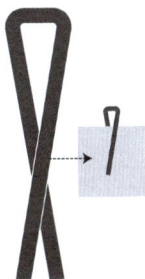

19 世纪时被发明出来的夹子，只是用铁丝扭成的。

左边形状的回形针被称为 Gem 款，更受人们欢迎，其名字和发明出这个形状回形针的公司相同。右边的回形针是塑料材质的变形款式。

夹子能够夹住纸的原因

让我们在纳米级别思考一下夹子能夹住纸的理由吧。组成物体的原子或分子彼此间相互吸引、排斥的力是夹子夹力的来源。

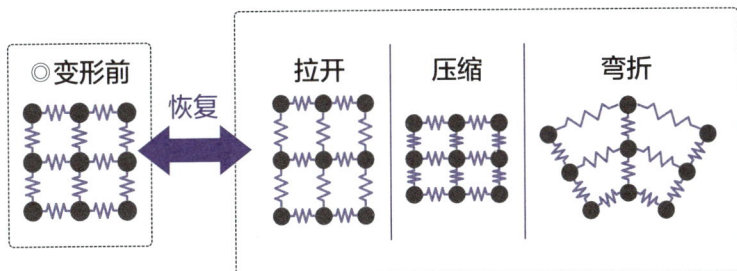

◎变形前　恢复　拉开　压缩　弯折

种原子间的力。原子和原子相互"牵着手"联结在一起，在受外力影响产生扭曲时，它们会试图回到原本的位置。

我们可以尝试把原子想象成小球，把原子间的联结力想象成连接小球的弹簧，当外力使小球移动位置时，小球仍会回到原位。哪怕是用夹子夹住纸这一司空见惯的现象，也遵循了原子世界的法则。

不过，当需要夹住的纸张太多，回形针的力量就不太够用了，这时我们就要用到**长尾夹**。过去更常用的是尾部开了孔的圆形铁夹，不过近些年来长尾夹更加畅销。据说长尾夹的形态在明治时期就已经出现，但直到可获得强度高且廉价钢材之后，它才获得了普及。

不管是圆形铁夹还是长尾夹，作为文具，它们在夹纸时都要用到很大的力。从侧面观察，我们会发现张开夹子所用的力和夹纸的力是相等的。这是因为其没有利用杠杆原理（130 页）来减轻用力的设计。

长尾夹和圆形铁夹

想要将纸夹紧或要夹的纸量太大的时候，使用回形针就有些力不从心了。这时，更适合使用圆形铁夹或长尾夹。

长尾夹	圆形铁夹

取代圆形铁夹，成为主流的夹子类型。	尾端开有洞的铁夹，因为有些笨重而退出主流。

使用长尾夹需要很大的力量

用长尾夹或圆形铁夹夹东西时，需要用很大的力。这是因为它们并没有做出利用"杠杆原理"来省力的设计。

◎杠杆原理

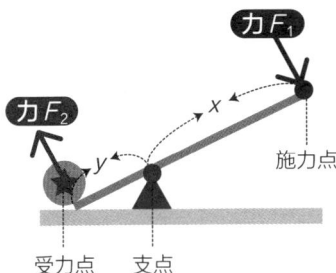

力F_1

力F_2

施力点

受力点 支点

杠杆原理的公式是"力$F_1 \times x$ ＝力$F_2 \times y$"，x、y 的长度相等的话，施加的力和作用力的大小就相等。

◎长尾夹

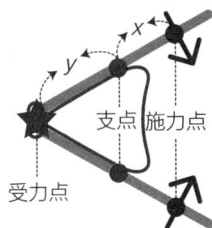

支点 施力点

受力点

因为 x、y 的长度相等，因此将夹子打开的力和夹子夹住纸的力相等。夹子要夹住纸需要很大的力，因此在打开夹子时所需的力量也很大。

|打孔器|
冲压技术的日常应用

在整理文件时，打孔器能帮助我们在文件上打孔。现在还开发出了一种能在厚厚的文档上轻松打孔的打孔器。

在数字化办公的趋势下，大量纸质文档原封不动保存下来的机会减少了。但这不意味着保存纸质材料的重要性会下降。**打孔器**是一种在保管纸质材料时十分有用的文具，它能够一下子就在厚厚的一沓文档上打出孔来。

打孔器需要有良好的坚固度和精密性。因为既要在手柄上施加非常大的力，还要保证刀片和孔之间的缝隙只有毫厘。如果缝隙过大，可能会把纸撕裂；但如果缝隙过小，又很难成功打孔。同时，如果刀片不是从孔的正上方直着落下的话，也无法打出干净整齐的孔。

打孔器刀片的前端像鸟嘴一样突出，这是为了使施加在手柄上的力能够集中于纸面和刀刃的接触点上。这是在剪刀（106 页）中也用到的设计，当需要打孔的纸张数量增多时，这种设计会特别有帮助。

打孔器刀片的形状

打孔器的刀片和裁纸机、剪刀相同，都有着使力集中于一点的设计。

打孔器的刀片

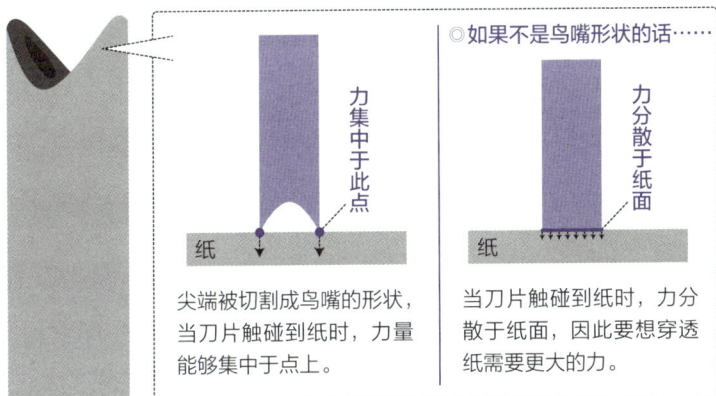

力集中于此点

◎如果不是鸟嘴形状的话……

力分散于纸面

纸

纸

尖端被切割成鸟嘴的形状，当刀片触碰到纸时，力量能够集中于点上。

当刀片触碰到纸时，力分散于纸面，因此要想穿透纸需要更大的力。

有代表性的两种文件夹

◎**单片文件夹**

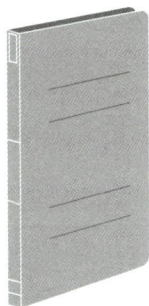

◎**大型活页文件夹**

用打孔器打孔后的文件可以被装入不同类型的文件夹中。左边的两种文件夹就是其中的代表。

和其他文具相同，打孔器也在不断进化。例如，最近上市的产品中，有一种虽然体积很小，却能轻松穿透20张纸的打孔器。它也利用**双重杠杆**（130页）实现了省力。

顺便一说，还有一种从古至今一直存在的，用于在纸上打孔的文具，那就是**锥子**。这是一种利用锋利的尖端来刺穿纸张，从而在纸上打孔的工具，可以在利用纸捻进行书籍装订时使用。**穿孔机**便是锥子的机械化产物。

一般来说，打了孔的文件都会被收纳进文件夹。"文件夹"一词会让很多人联想到电脑，不过，在电脑兴起以前，提起文件夹基本上指的都是文具中的文件夹。文件夹包括由厚纸制成的**单片文件夹**和可容纳更多文档的**大型活页文件夹**等。

收纳在文件夹中的文件，若没被好好整理过，就没有装订的价值了。下面来介绍一下整理文件的三个原则：

①立（文件不要横铺堆叠）。

②看（一定要写明文件夹标题）。

③扔（不需要的文件要随时丢弃）。

这三条原则虽然很简单，却很难做到。

运用了双重杠杆原理的打孔器

1 份力

施力点 1

约 10cm

受力点 1

支点

约 2cm

5 份力

近年来，市场上出现了一种可以穿透约 20 张纸的小型打孔器，它巧妙地利用了双重杠杆的原理。

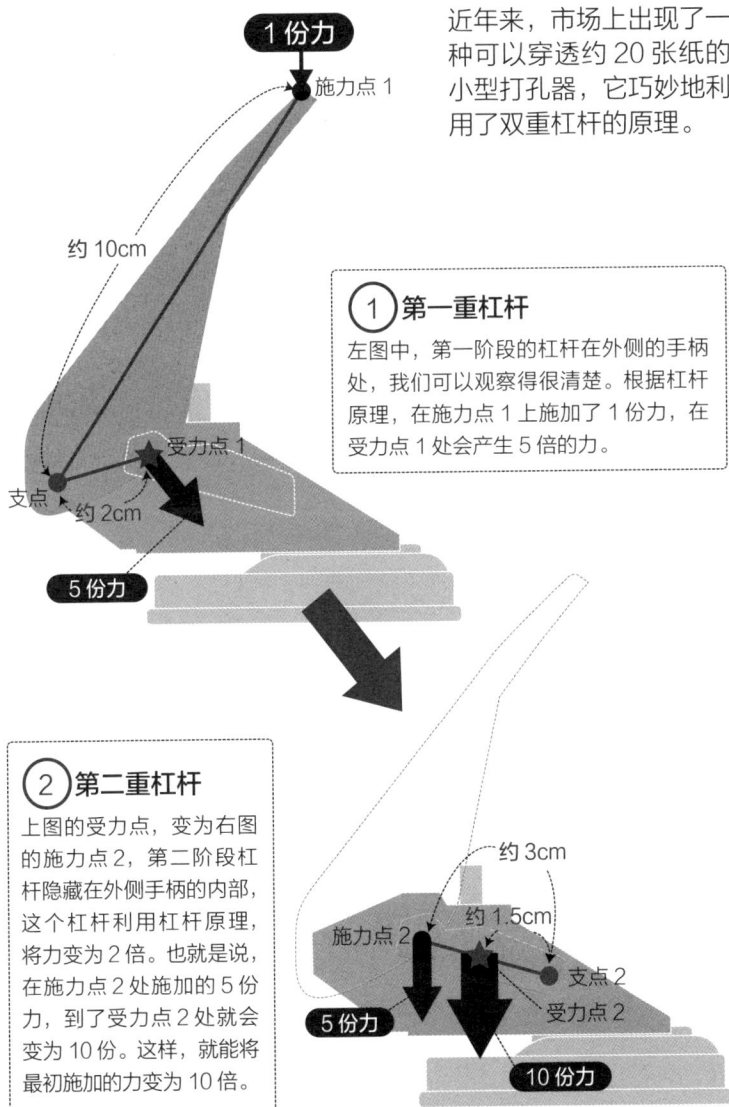

① 第一重杠杆

左图中，第一阶段的杠杆在外侧的手柄处，我们可以观察得很清楚。根据杠杆原理，在施力点 1 上施加了 1 份力，在受力点 1 处会产生 5 倍的力。

② 第二重杠杆

上图的受力点，变为右图的施力点 2，第二阶段杠杆隐藏在外侧手柄的内部，这个杠杆利用杠杆原理，将力变为 2 倍。也就是说，在施力点 2 处施加的 5 份力，到受力点 2 处就会变为 10 份。这样，就能将最初施加的力变为 10 倍。

约 3cm

约 1.5cm

施力点 2

支点 2

受力点 2

5 份力

10 份力

专栏

在数字时代也大受欢迎的裁纸机

近年来，能够一口气裁切一百多张纸的裁纸机销量高涨。这种裁纸机能够一次性切下书籍的装订处，因此购买回来给自己用的人大幅增加。

将书切散，就能够使用扫描仪进行扫描，图书经扫描仪扫描后就可以转变为图像，传输到手机、平板电脑或笔记本电脑中，就可以实现随身携带上百本书。这就是俗称"自给自足"的做法。

起初，制造厂商也没想到裁纸机能够卖给个人消费者。不过近年来，市面上也开始出现放在家中也不会碍事的小型裁纸机。

将纸质书籍数字化的行为属于著作权法上的"复制"行为，因此，原则上讲，未得到著作权所有者的许可就进行数字化是一种违法的行为。不过只有在"私人使用"时，才被例外认为是合法的。"自给自足"需要用到裁纸机和扫描仪，因此出现了一些代人进行书籍扫描的从业者。不过，代人扫描书籍因"可能会损害作者的著作权"而被判定为违法。

第四章

测量与便利工具中的数学与物理

|算盘|
古老的计算神器

算盘起源于中国，后来日本对其形态进行了改造。为什么这种四珠算盘更好用呢？

即便是在电子计算器已经普及，电脑计算也很常见的现代，仍存在着许多算盘爱好者。因为有时算盘计算比按计算器还要快，而且在头脑中想象算盘还有助于提高心算能力。

使用阿拉伯数字进行笔算之前，在纵向书写汉字的文化圈中，计算都是需要依靠工具的。这些计算工具的代表就是**算盘**。算盘在不同历史时期和不同地区有着不同的形态，其中的**四珠算盘**因布局合理而获得了广泛普及。

现代使用**十进制**进行计数，利用的就是 0 到 9 这十个数字，需要注意 10 这个数字并不被算在其中。在算盘中，只要上栏有代表 5 的一个算珠，下栏有代表 1~4 的 4 个算珠，就可以将十进制的所有数字都表示出来，也不会有冗余的算珠。这便是四珠算盘更好用的理由。

各种各样的算盘

不同时代和地区的算盘形式不同，让我们来了解其中的几种。

四珠算盘	五珠算盘	上二下五的算盘

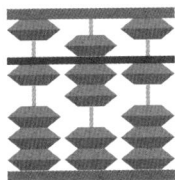

现在日本通用的标准算盘。

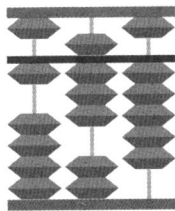

又被称为"小商店算盘"，直到昭和初期都还有人使用。

中国发明的算盘。

使用四珠算盘进行十进制计算更合理

用四珠算盘表示十进制数字时，不会出现算珠的冗余。下图表示的数字是 264。

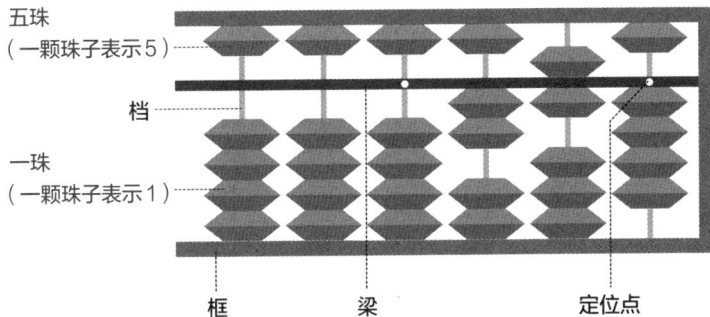

五珠
（一颗珠子表示5）

档

一珠
（一颗珠子表示1）

框　　　梁　　　定位点

　　顺便一说，利用算盘可以充分理解 0 的概念。以四珠算盘为例，在表现 20 这个数字时，第一列中的算珠不会移动，我们可以轻松理解 0 就是"没有"这一概念。0 的概念就连先进的古希腊文明时期的人都没有想到，算盘却直观地表现出来了（0 的概念是在 6 世纪由印度人发现的）。

　　正如前文所说，在发明利用阿拉伯数字进行的笔算之前，计算都是要依靠工具来进行的。除了算盘外，还有一种计算工具叫作算筹。这是一种通过在框里摆放火柴棍来进行计算的工具，甚至能够进行复杂的运算。

　　现在已经进入了计算机时代，众所周知，电脑是通过电平的高和低来表示数字的。如果人类进入了计算机的世界中，将会制作出怎样的算盘呢？依据十进制算盘的结构来考虑，恐怕电脑中的算盘会变成只有一颗算珠。可以想象，这个算盘中会频繁发生进位和退位，算珠忙碌不休。

算筹的计算方式

算筹的一根竖棍表示 1，一根横棍表示 5。在使用算筹进行计算时，要先用纸、布或者木头做"算盘"，从而明确位数。计算方法和算盘有些相似，下图中的计算是 24×7。

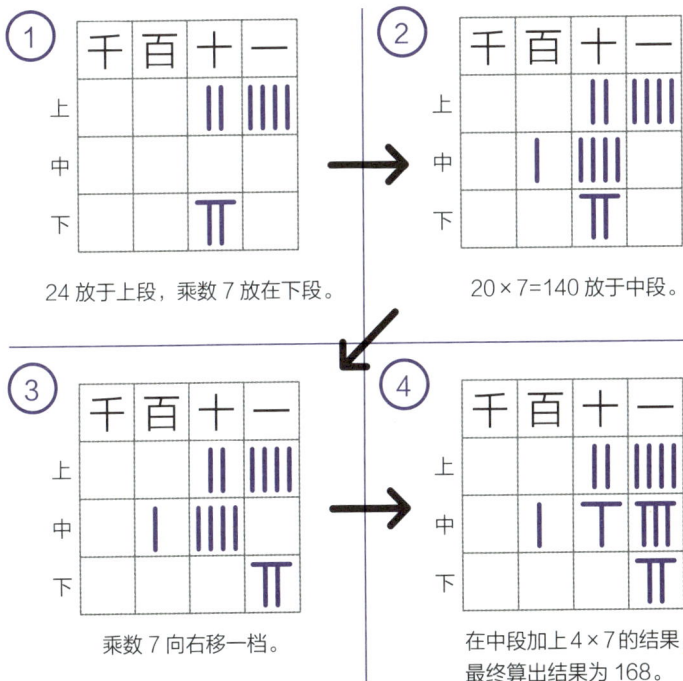

① 24 放于上段，乘数 7 放在下段。

② 20×7=140 放于中段。

③ 乘数 7 向右移一档。

④ 在中段加上 4×7 的结果，最终算出结果为 168。

如果人类的计算是二进制的……

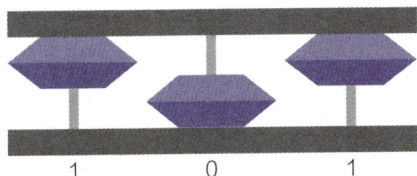

1　0　1

如果人类像计算机那样使用二进制计数，算盘可能就会变成左图中只有一颗算珠的样子。左图表示的是十进制数字 5。

|电子计算器|
从机械到电子的飞跃

算盘在很长一段时间内都是主流的计算工具，但现在，它已经被电子计算器取代。电子计算器也是日本电子技术发展的催化剂。

  虽然电子计算器现在在百元店就能买到，但是直到 20 世纪 70 年代初期，它都还是很昂贵的商品。当时大学毕业生第一份工作的平均工资还不到 5 万日元（约 2400 元人民币），但一个电子计算器却要数 10 万日元才能买到。而且，当时的电子计算器又重又大，根本没法被放进口袋里。在那之后，电子计算器迅速发展，逐渐变得便宜且小巧。这和 20 世纪后半期电子学的迅速发展有关，也就是说，与由真空管到半导体再到 LSI（大规模集成电路）的电子技术发展革命息息相关。

  算盘是通过拨动算珠来进行计算的，其计算原理清晰易懂。那么，电子计算器是如何进行运算的呢？其中的秘密就是**二进制**。

  我们日常使用的数字都是**十进制**的，例如，234 可表

电子计算器的内部构造

电子计算器的大脑是被称为微处理器的 LSI。LSI 利用通电与断开的原理进行计算。因此，我们使用的十进制数要在被修改为二进制数之后才能计算。

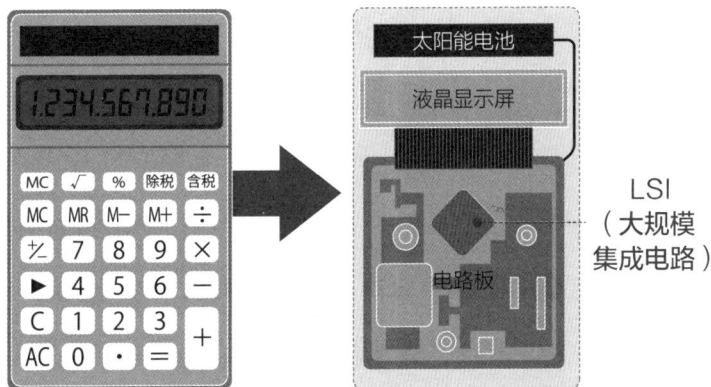

太阳能电池

液晶显示屏

LSI
（大规模
集成电路）

电路板

电子计算器的计算过程

让我们以计算"10+5"为例，来看一下电子计算器的计算过程，4 位二进制的"1010"表示 10，"0101"表示 5。

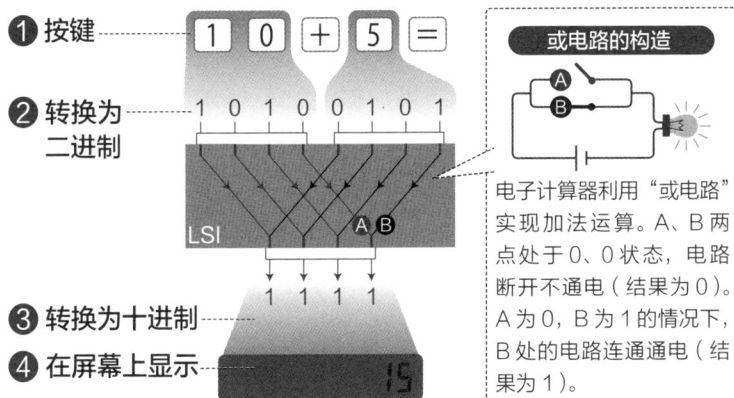

❶ 按键

1 0 + 5 =

❷ 转换为
二进制

1 0 1 0 0 1 0 1

LSI

A B

1 1 1 1

❸ 转换为十进制

❹ 在屏幕上显示

15

或电路的构造

A
B

电子计算器利用"或电路"实现加法运算。A、B 两点处于 0、0 状态，电路断开不通电（结果为 0）。A 为 0，B 为 1 的情况下，B 处的电路连通通电（结果为 1）。

示为"2×10×10+3×10+4"。

十进制是以"10"为基础的计数法。以十进制的规则类推，二进制就是以"2"为基础的计数方法。例如，二进制的101就是"1×2×2+0×2+1"。把前面的式子算出来，结果等于十进制数字5。

那么，为什么电子计算器的计算要以二进制为基础呢？这是因为，二进制只需要用0和1的排列来表示数字。0和1则能够用电路的通断（开和关）来表示，我们可以试着将刚刚算过的101用电信号表示为"开关开"。

用电信号来表示数字后，计算就可以由电路进行了。如此，便可以实现以电子的速度进行高速计算。这就是电子计算器的工作原理。

微处理器相当于电子计算器的大脑，其中嵌有计算电路，能够迅速输出计算结果。据说，英特尔于1971年开始发售的世界第一款微处理器，就是基于在日本制造商那里购买的电子计算器芯片而制成的。

电子计算器中使用的技术已发展成为现代电子产品背后的支柱技术。例如，电子计算器中使用的液晶显示屏和太阳能电池，正是液晶电视和太阳能发电的先驱。

用 7 条线段的组合来显示数字

电子计算器上的数字显示方式被称为"段式显示"，只要用 7 条线段就能显示出 0~9 十个数字，大大节省了研发成本。

电子计算器和电话的按键排列

电子计算器和电话的数字排列方式差异很大。电子计算器的排列方式是，把在计算中使用更频繁的 0 和 1 放在手边方便使用，因此是从下往上以 0、1、2、3……进行排列的。与此相对，电话按键中的 0 和 1 是按照以前拨号式电话的排列方式进行排列的。

电子计算器

MC	√	%	除税	含税
MC	MR	M−	M+	÷
±	7	8	9	×
▶	4	5	6	
C	1	2	3	+
AC	0	·	=	

将使用最频繁的 0 和 1 放在手边方便使用。

电话

1	2	3
4	5	6
7	8	9
＊	0	#

在拨号式电话的基础上，制作了第一位数字是 1，最后一位是 0 的按键顺序。

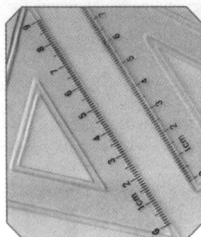

三角尺
几何学的实用工具

虽然只是两枚三角形的板子，组合起来却能够产生很多变化。三角尺是能让人感觉到数学情怀的文具。

    三角尺是小学阶段数学课上必然会用到的一种文具。虽然长大成人后，它就远离了我们的生活，但是当在文具店里看到的时候，却会唤起我们对童年时光的回忆。

    在介绍三角尺之前，让我们先来一起了解一下**尺子**吧。**量具**和尺子 ❶ 是意思相近的两个词，在现代，这两个词大部分情况下都被混用。不过，正如字面差别一般，其实两者之间存在很大的不同。尺子是用来画线的工具，量具是用来测量物体长度的工具。三角尺是一种尺子，不是主要用来测量长度的。

    在明治中期，三角尺才演变为现在的样子，当时主要的使用方法是将两枚三角尺组合起来，从而画出水平、垂直或者斜着的线。

---

❶ 尺子（定规）和量具（ものさし）在日语中是两个词，作者在此进行了词义的解释区分。

尺子和量具

尺子和量具有时候指的是一件东西，不过，考虑到它们用途不同，其实指的应该是两种工具。

尺子	量具

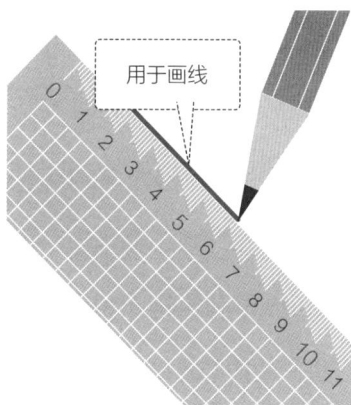

用于画线

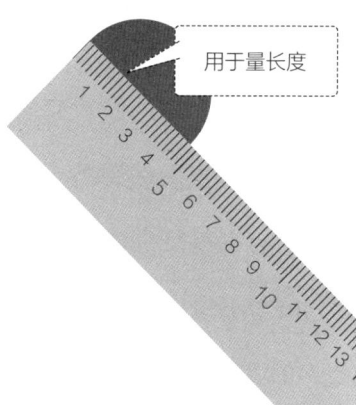

用于量长度

从正方形和等边三角形中产生的三角尺

将正方形和等边三角形二等分，就获得了两种三角尺的形状。

等边三角形	正方形

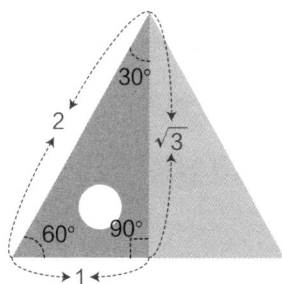

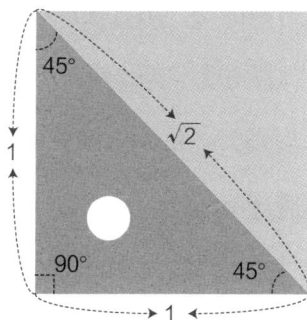

以前的用法也可以跟现在的用法联系起来。文部科学省 ❶ 颁布的数学学习指导纲要中有这样的表述："建议使用两枚三角尺来画平行或垂直的两条直线。"

其实，用任何形状的直角三角尺都能画出水平线、垂直线和斜线。不过，还是现在用到的三角尺的形状看起来最美。三角尺的形状，是将正方形和等边三角形各自平分成两个三角形后获得的。想要确认这一点，只要拿两个同样大小的三角尺拼合起来观察就可以了。

由于三角尺的形状来自平分的正方形和等边三角形，因此三角尺的边长比十分规整。将三角尺的边长比和**勾股定理**相结合，我们就能直观地了解数学中学到的**无理数**$\sqrt{2}$和$\sqrt{3}$等数字的概念。（$\sqrt{2}$和$\sqrt{3}$各自平方就得到了 2 和 3），也更容易理解直角三角形中边和角比值的对应关系（即**三角函数关系**）。

有趣的是，组合使用两枚三角尺能进行多种知识的学习，除了画直角或平行线外，还能通过组合画出其他角度的角。

以及，三角尺中间开的洞，是为了方便人们使用。空气能够通过三角尺上的洞流通，从而使尺子容易从纸上取下。

---

❶ 文部科学省是日本中央政府行政机关之一，负责统筹全国的教育、科学技术、学术、文化和体育等事务。

三角尺能够画出的角

组合使用三角尺，能够画出许多不同角度的角

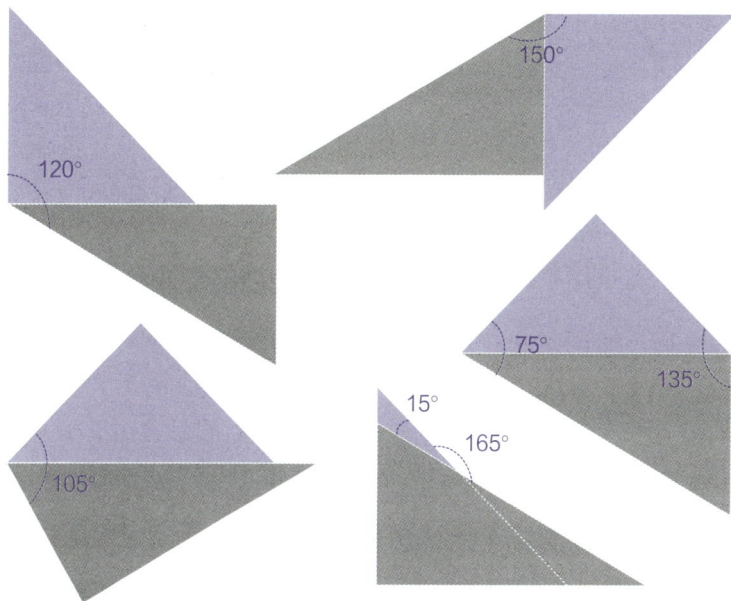

150°

120°

75°

135°

105°

15°

165°

为什么三角尺中间要开洞

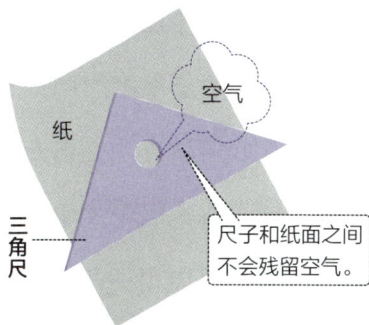

空气

纸

三角尺

尺子和纸面之间
不会残留空气。

大多数三角尺中间都开有洞，正是因为有了这个洞，当三角尺被放在纸上时，空气才可以流通，使尺子能被轻易取下。同时，还有可以使尺子更贴合纸面方便画线等理由。

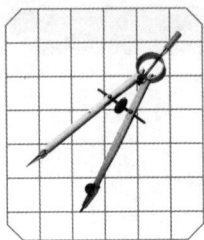

圆规
圆与弧的完美绘制

....

圆规不仅可以用来画圆，还有许多其他用途，不愧是古希腊人爱用的文具。

　　圆规是用来画圆的工具，是每个小学生文具盒里必备的文具。据说，它在古希腊时期就已经被作为学校中的教具了。

　　圆的定义是"到某一定点的距离相等的点的集合"，圆规是严格遵循这一定义画出圆形的。将圆规和尺子结合使用，还可以完成画角平分线、画垂直平分线等多种作图任务。

　　正因圆有着这种简洁性，距今两千多年前的古希腊文明将圆视为最高贵的形状，甚至还有学者想要利用圆和直线的组合解开宇宙之谜。在对圆和直线的研究中，古希腊人提出了许多难解的问题，这些问题提炼成了下文中的**古希腊三大几何问题**，这几个问题都要求只能用一把尺子和一个圆规来解答，并要在有限的步骤内完成。

圆规严格再现了圆的定义

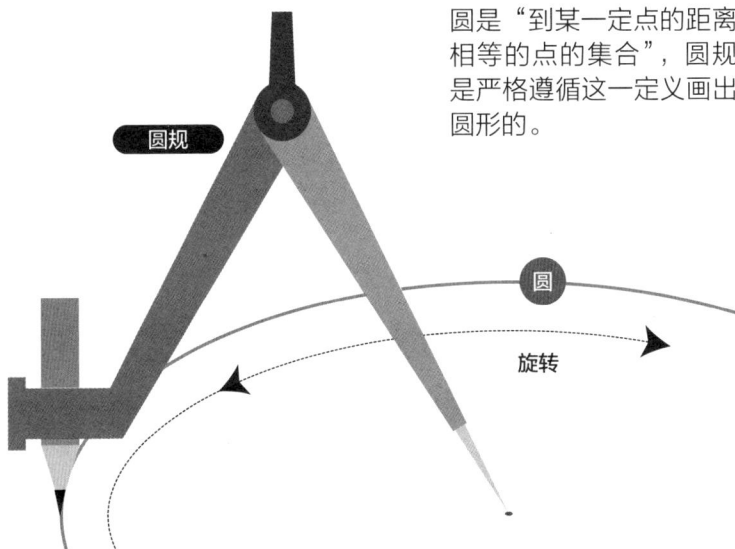

圆是"到某一定点的距离相等的点的集合"，圆规是严格遵循这一定义画出圆形的。

圆规

圆

旋转

古希腊三大几何问题是什么？

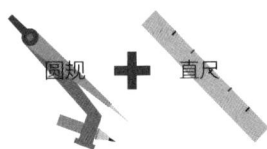

圆规 + 直尺

在两千多年前的古希腊，圆被认为是最高贵的形状。古希腊人提出了下面三个只能在限定步骤内，用圆规和尺子作答的问题。

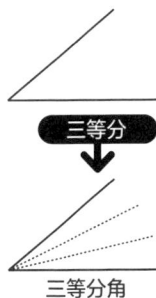

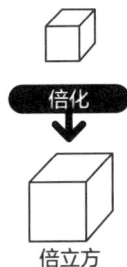

三等分

三等分角

倍化

倍立方

面积相等

化圆为方

①将给出的角三等分。

②画出一个立方体，其体积是给出的立方体的两倍。

③画出和给出的圆面积相等的正方形。

这三个问题便是**三等分角**、**倍立方**和**化圆为方**，虽然经过了很长时间的努力后，这三个问题最后都被证明是不可解问题。但是在漫长的研究过程中，人们发散出了许多新的想法，促进了数学的进一步发展。

无须古希腊人惊叹，由圆创造出的世界本就是十分美丽的。摆线、次摆线、星形线等美丽的曲线都与圆息息相关。**万花尺**是一种能够帮助我们切身体会这种圆之美的教育文具，在百元店就能买到，建议大家都在手边常备一把。

圆规的英文 compass 还有**罗盘**的意思。虽然罗盘和圆规这一文具相差很大，不过一词多义通常是因为多个词义存在相同的语源。在中世纪时期的拉丁语中，compass 一词的意思是"用步幅测量"，从"步幅"中引申出了圆规的词义，从"测量"中引申出了罗盘的词义。

利用圆规和尺子作图

利用圆规和尺子可以作出各种各样的图来，按照下图中给出的序号利用尺子和圆规作图，可以画出角的平分线、以给定线段为一边的等边三角形和给定线段的垂直平分线。

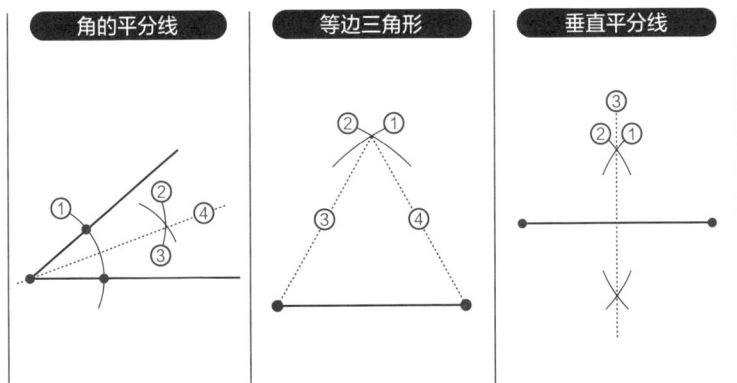

角的平分线

等边三角形

垂直平分线

讲究"书写方便"的进化型圆规

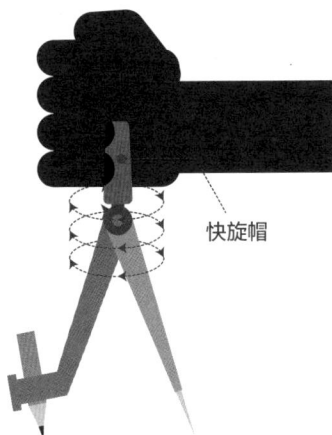

快旋帽

圆规虽然构造简单，但近年来也出现了一些追求方便性的新产品。索尼克公司推出的"笔形圆规"便是其中代表。这种圆规的头部旋钮偏离规脚中心，并且装有一个能辅助旋转的倾斜快旋帽，保证圆规能一直垂直于纸面。这种圆规可以像左图那样握着使用，小朋友也能轻松地画出圆来。

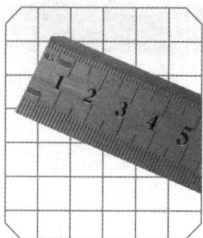

|直尺|
长度测量的基础科学

直尺是用来测量长度的工具，虽然我们常常会使用"30厘米"之类的表达方式，但是，"米"到底是什么呢？

竹制直尺直到昭和中期仍很常见，之所以选择使用竹子而非木头来制作直尺，是因为竹子在温度和湿度变化时不易变形。现在也有许多人因倾心于其特殊的持握感和触感而仍在使用竹制直尺。

即便现在去买这种古而有之的竹制直尺，尺子上的刻度使用的也是公制。公制虽然是现代习以为常的长度单位制度，但日本直到1959年才规定强制使用公制。在此之前，政府允许出售以"尺"为单位的直尺。那么，为什么要强制使用公制呢？这是因为，公制是国际标准度量制度，按照此制度制造出的商品才能通用于全世界。

那么，1米究竟代表什么呢？最广为人知的说法是，米是以地球为基准定义的。也就是说，人们规定从赤道到北极点间的经线长度为10000千米（1000万米），也就是

过去对"米"的定义和地球的真实形状

过去，1 米的长度以地球为基准确定。不过，其前提是地球是一个赤道长度为 4 万千米的规则球体。

◎过去对一米的定义

1792 年，法国人将 1 米定义为"通过巴黎的经线从赤道到北极点长度的一千万分之一"。在测量中，人们假定地球为规则球体。

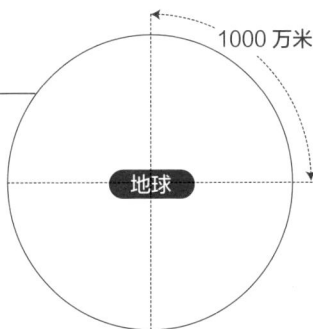

1000 万米

地球

◎地球的真实形状

地球的真实形状并非完全是球体。如右图所示，赤道半径 a 为 637 万 8137 米，极半径 b 为 635 万 6752 米。

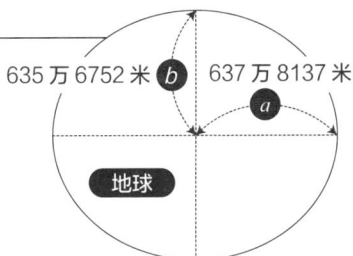

635 万 6752 米 b 637 万 8137 米 a

地球

一直被使用到 20 世纪中期的米原器

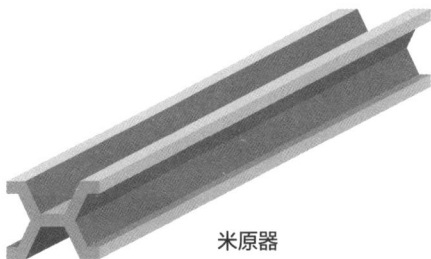

表示 1 米长度的米原器，是根据以地球为基础确定的 1 米长度制作出来的。直到 20 世纪中期，日本都还在使用这种米原器。

米原器

说，规定地球的周长为 40000 千米。

这一定义来源于法国。在革命刚刚结束的 18 世纪末，法国人进行了地球测量，并从其中得出了一米的具体长度。大约 100 年后，人们以此长度为基础制成了**米原器**。不过，随着测量技术的不断发展，人们发现地球并不是一个规则的球体，而且地球本就是凹凸不平的，不可能对其进行精密的测定。因此，人们开始寻求对米更为合理的定义。在现代，米的定义来源于光在真空中 1/299792458 秒内经过的距离。

国际标准单位制度在日本贯彻得十分彻底，不过美国却是同时使用米和英寸两种单位的。因此，在美国，市面上会出售将米转换为英寸的尺子。

为了便于测量使用，某些领域中的人会使用一些特别的尺子。比如，设计领域常用**三棱比例尺**进行测量。这种尺子一个棱上的两面均刻有不同的刻度，总共可以用 6 种不同的刻度测量。

现在对 1 米的定义

1983 年，现代对 1 米的定义为：光在真空中行进 1/299792458 秒所经过的距离。

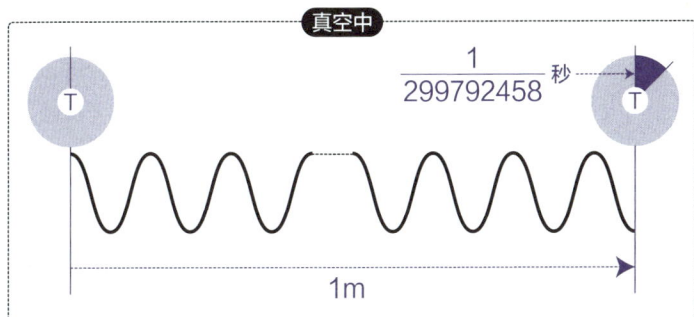

以英寸为单位的尺子不可以出售吗？

日本禁止销售或以销售为目的陈列标有非法定计量单位刻度的计量器具（《计量法》第 9 条第 1 款）。英寸并非日本法定计量单位，因此刻度标记为英寸的尺子不能在日本销售。

刻度和标记（或只有刻度）为法定计量单位（mm）。

刻度或标记为非法定计量单位（inch），同时标有 mm 和 inch 的尺子同样不能售卖。

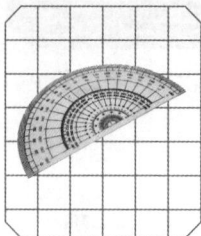

|量角器|
角度的精确测量

··

将圆周等分为 360 份，其中一份所代表的角度为 1°。不过，为什么要将圆周分为 360 份呢？

1 米等于 100 厘米，1 千米等于 1000 米，按此规律，应该将圆周等分为 100 份或者 1000 份，再将其中的一份规定为基本单位。不过，为什么要将圆周分为不上不下的 360 份呢？其中有两个极具说服力的原因。

第一个原因与 1 年由 365 天组成有关。古人认为星座需要 365 天才能转完一周，因此他们理所当然地将星座在一天内移动的角度作为基本单位。不过，要将圆周定为 365° 有些奇怪，比如直角就会变成 91.25° 了。因此，人们就将圆周定为更加清晰明确的 360°。

第二个原因，也与这种"清晰明确"有关。在应用中，很多时候需要将角等分，例如，直角是周角的四分之一，周角是 360° 的话，直角就是 90°，十分清晰易懂。

将一周规定为 360°，那么就可以将其 4 等分、8 等分、

地球一天公转的角度约为 1°

地球一天大概公转 1°，据说量角器所使用的 1 周等于 360° 的角度测量法，与一年有 365 天有很大的关系。

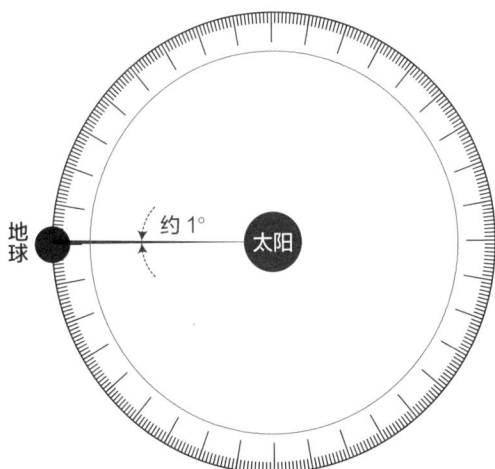

地球　约 1°　太阳

弧度法是什么？

一周等于 360° 不是唯一的角度测量方法，用一周的弧长来表示角度的弧度法，已经成为现代数学领域的常识。举个例子，在弧度法中 360°=2π，45°=π/4。

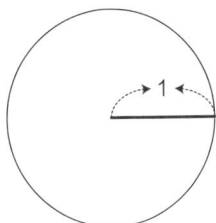

圆的半径

为 1

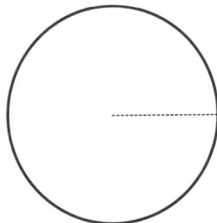

一周的弧长

1 周 =2π（ =360°）

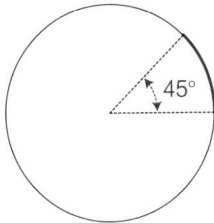

45° 的弧长

45°/360°×2π＝π/4

10 等分……可以利用许多数字对其进行等分，这在实际应用中会非常方便，指示方位时也会很清晰。

用这一思路来考虑，我们就会明白，其实不是必须要用 360° 的体系来表示角度。在数学中常用**弧度法**来衡量角度，这一方法是利用半径为 1 的圆的周长来表示角度。在弧度法中，360° 即一圈的弧长，为 2π（π 为圆周率）。

让我们把目光移向日本，来了解一些与角度相关的故事。据说，日本在很长一段时间中，都没有角度这一概念，当时代替角度的是"**勾配**"这一概念。45° 就是"向右移动 1 单位的距离，再向上移动 1 单位的距离的勾配"。总体而言，角度和勾配是相同的，因此就算用勾配代替了角度的概念也没有任何影响。

在所有角度中，最重要的就是直角（90°），世界各地的文明都在设法作出这一角度。比较有名的方法是，将长度分别为 3、4 和 5 的绳子连接起来，制成三角形，这个三角形中最大的角就是 90°。这种方法运用的就是**勾股定理**。

江户时代 [1] 度量角度用的是"勾配"的概念

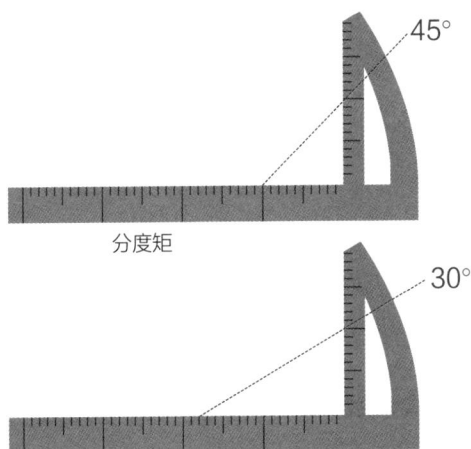

45°

分度矩

30°

江户时代的日本还没有角度的概念，代替角度的概念是"勾配"。左图是测量勾配的工具"分度矩"（曲尺），其测量出的是现在所说的正切（tan）值。左图展示的是测量 45° 角和 30° 角。

利用绳子就可以量出直角吗？

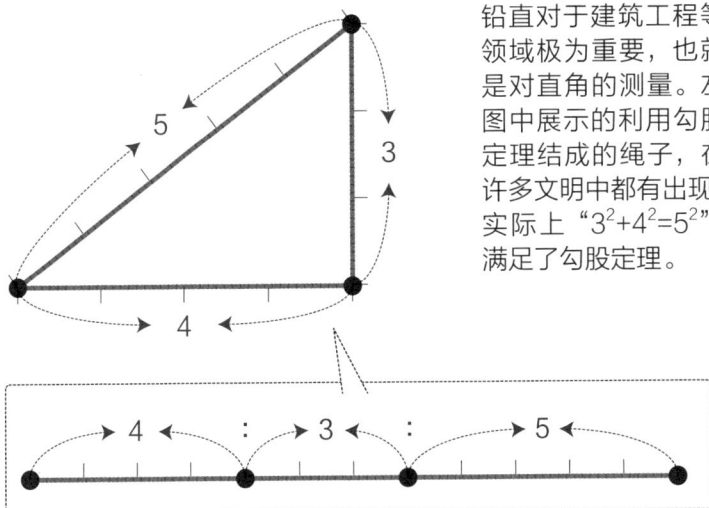

5

3

4

铅直对于建筑工程等领域极为重要，也就是对直角的测量。左图中展示的利用勾股定理结成的绳子，在许多文明中都有出现。实际上"$3^2+4^2=5^2$"，满足了勾股定理。

4　：　3　：　5

❶　日本江户时代指 1603—1868 年。

|印蜕和红色印泥|
印章与墨水的科学

日本最古老的印章"汉委奴国王印"是公元57年东汉时期中国赐予日本的。使用印章时需要用到的印泥，是由什么制成的呢？

首先，我们来区别一下印蜕和印章。**印章**就是俗称的**"戳子"**，是利用不易变形的坚硬材料制成的。**印蜕**就是由印章盖出的痕迹，又被称为**印迹**。

印章最早出现在约五千年前的古美索不达米亚地区。随着时间流逝，在约三千年前古埃及时期的遗址中已有许多印章出土。到了中世纪，印章已被用作封印或认证，成为王侯贵族和当权者的权力象征。另外，印章在中国也有着重要的地位，古时象征皇权。金印"汉委奴国王印"也是古代日本国王的权力象征物。

想要用印章在纸或者布上印出印蜕，**红色印泥**是必要的。这种红色印泥是怎样制作出来的呢？

据说，在没有红色印泥的时代，人们使用泥巴来盖印章，印泥这一名称就是由此产生的。金印"汉委奴国王印"

日本最古老的印章和印蜕

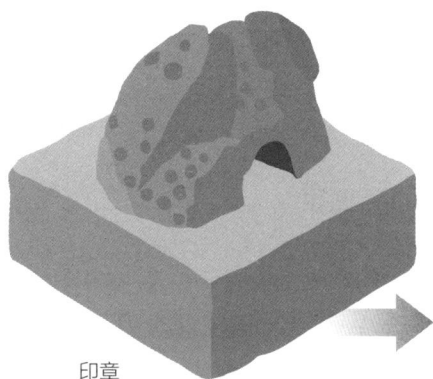

现存日本最古老的印章，是公元 57 年东汉时期中国赐予日本的"汉委奴国王印"。

印章

印蜕

红色印泥的制作方法

本来，红色印泥是含汞的。将从朱砂中提取的硫化汞和松脂、蜡以及蓖麻油混合均匀，便制成了红色印泥。

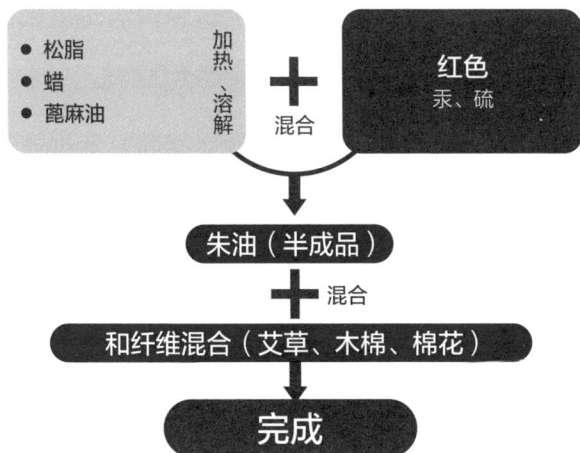

- 松脂
- 蜡
- 蓖麻油

加热溶解

+ 混合

红色
汞、硫

↓

朱油（半成品）

+ 混合

和纤维混合（艾草、木棉、棉花）

↓

完成

所使用的印泥，大概也是泥巴制成的。现代所使用的红色印泥直到一千多年前的宋朝才出现，被用于在藏书和书画作品上盖印。

不过，提起红色印泥，我们可能都会想到"海绵印台"，其实这不算是真正的红色印泥，真正的红色印泥是含汞的。

要想制作红色印泥，首先要制作出"**红**"这一颜色。红色印泥中的红色来自一种汞和硫的化合物（硫化汞），其在自然界中的存在状态就是"**朱砂**"。日本古时将其称为"**丹**"。在现代，硫化汞多是由汞和硫磺人工合成制作的。在硫化汞中进一步添加松脂、蜡、蓖麻油等材料，充分搅拌均匀，便制成了红色印泥。这种印泥印出来的红色印迹颜色深邃而鲜亮，经久不褪。

红色印泥如果长期放置不用就会凝固，不过如果是高级的印泥就不必担心了，只需要用金属刮刀再度搅拌均匀就可以恢复原状。

如果观察现代的各种印蜕，你也许会注意到所用的字体多种多样。比较常见的有**篆书**、**隶书**和**古印体**等，"汉委奴国王印"上字体即为篆书。

签名印章的构造

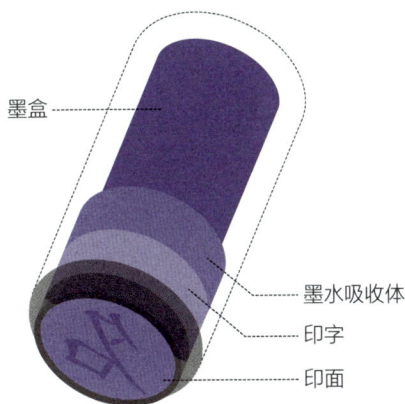

墨盒

墨水吸收体
印字
印面

可用于认证身份的姓名章（浸透印章），有时也因其早期生产商的名字而被直接称为 shachihata。这种印章在使用时不需要额外使用印泥，就可以反复盖印许多次。其中的奥秘在于，墨盒中的墨水浸透了印章中的海绵墨水吸收体。

数字化印章

近年来，利用电脑进行文件沟通的情况越来越多，印章也随之走向数字化。许多公司都在开发"电子印章"，利用这种电子印章，不仅能够减少纸张成本，还能够节省烦琐的文件交换时间。

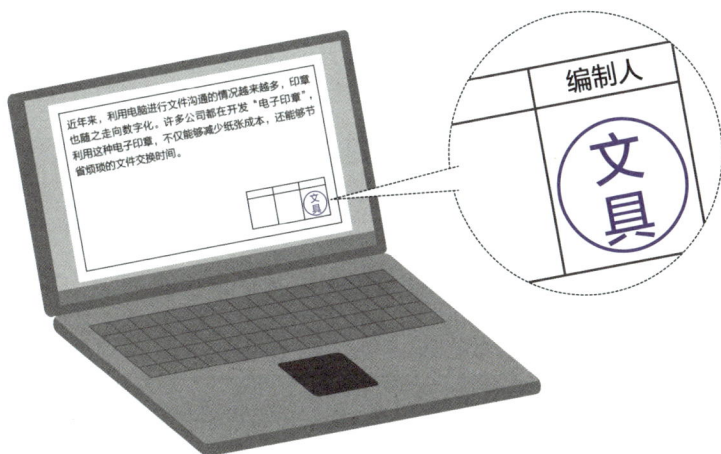

编制人

文具

|笔盒|
收纳与空间设计的智慧

近些年布制或革制的笔袋很受欢迎，它们既容易放进书包里，也不容易损坏，还能够容纳许多文具。

以前收纳文具的用具被称为**文具盒**，大部分都是硬质盒状的。不过，现在的笔袋由于需要放入形状各异的各种文具，能够略微变形则更易使用，因此柔软的布或合成革材质的笔袋更受欢迎。

拉链是这类笔盒的支撑部件，虽然拉链在衣物上也很常见，不过在此我们还是重新来了解一下它吧！

我们通常所说的拉链，其英语是 slide fastener，意思是"滑动的扣件"，原理是通过滑动使扣件的左右齿啮合，从而使两边闭合。

拉链是在 1891 年由美国人发明的，据说是因为觉得系鞋带太麻烦而发明出来的。日本第一个生产拉链的公司是广岛县尾道市的一家公司，这家公司在 1927 年开始贩卖一种叫作"chuck 印"的拉链，这一产品风靡一时，并且自

拉链的原理

用于开合笔袋的拉链，其原理究竟是怎样的呢？

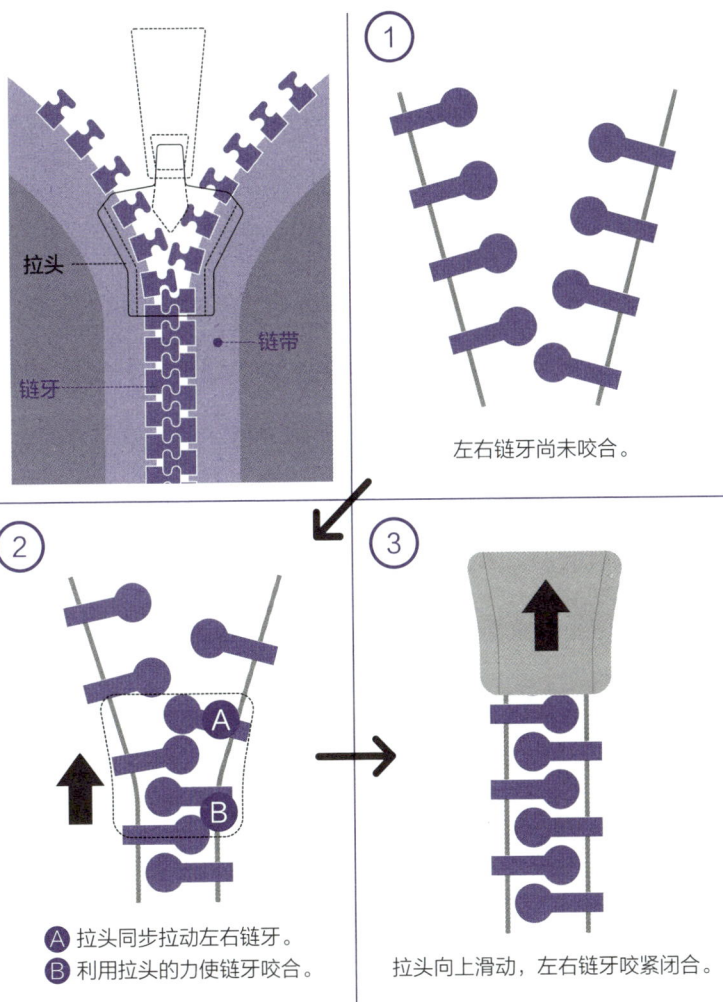

拉头

链带

链牙

① 左右链牙尚未咬合。

② Ⓐ 拉头同步拉动左右链牙。
Ⓑ 利用拉头的力使链牙咬合。

③ 拉头向上滑动，左右链牙咬紧闭合。

此拉链在日本便被称为 chuck。因为 chuck 这一名字是从日本的腰包（巾着，读作 kinchaku）一词中创造出的，因此在外国并不常用。

拉链是直线形状的，但其功能也开始向平面化发展，从而产生了一种叫作"**粘扣带**"的物品，不过在日本更多将其称为"**魔术贴**"。

魔术贴的发明是**现代仿生学**的先驱。在 1948 年，一位带着爱犬外出打猎的瑞士人发现自己的衣服上和狗的毛上都粘上了许多野生牛蒡的果实，他注意到这些果实很难被摘下，于是便用显微镜对其进行了观察。他发现这些果实上有许多小钩，这些小钩和衣服上或狗身上的环状毛紧紧地钩在了一起。他从这一现象中获得灵感，发明出了由环状毛与小钩组合而成的魔术贴。

其实，"マジックテープ（magic tape）"这一名称是 Kuraray 公司所有的商标，这一名称在日本国内传播开来，其实是以 1964 年东海道新干线开通为契机的。当时车内头枕的枕套上所用的便是这种魔术贴，这一名称也由此开始受到人们注意。

魔术贴的原理

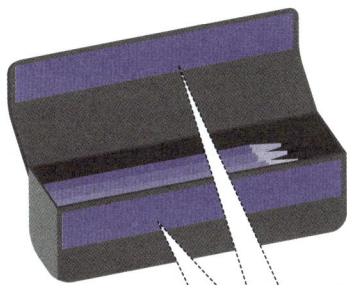

下图是魔术贴的放大图。魔术贴由细小圆毛紧密排列组成的毛面和钩状的刺面两面构成，通常成对使用。

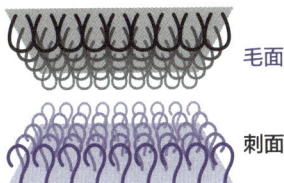

毛面

刺面

细小圆毛紧密排列组成的毛面和钩状的刺面分离。

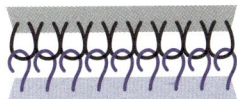

用力按压两面时，刺面的钩便会钩住毛面并"粘紧"。

长销品"铁腕文具盒"为什么如此坚硬？

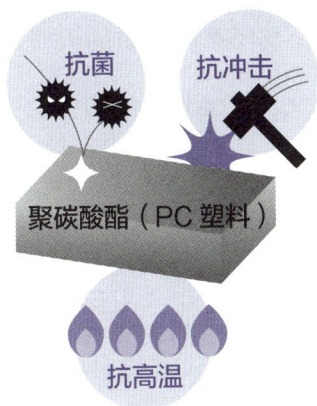

抗菌

抗冲击

聚碳酸酯（PC 塑料）

抗高温

"铁腕文具盒"是在 1967 年发售的，当时它的宣传语是"即便是大象也踩不坏"。在当时，市面上的笔盒普遍都是塑料或赛璐珞材质的，具有易碎和易燃的缺点。因此，人们关注到了一种在信号灯等物品上常用的材料——聚碳酸酯。这种塑料因既抗冲击又抗高温，至今仍被用于制作各种畅销商品。

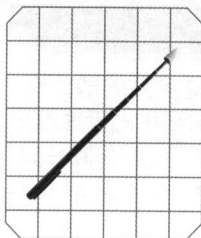

教鞭和激光笔
光与指示的科学

教鞭和激光笔是在进行演讲时不可缺少的工具。灵活地使用它们，能帮助我们博得听众的好感。

　　现在美国式的商业风格正在流行，其中比较有代表性的形式就是演讲。能够流利地进行演讲已经成为现代商业人士的必备能力。在进行演讲时，必然会用到的物品就是**教鞭**。我们经常会在电视剧中看到商业人士们手执教鞭，在白板上指着图表进行演说。

　　我们没有必要再次特别说明教鞭的构造，拉开便伸长，按压便收缩，它的构造和钓鱼竿以及便携收音机的天线是相同的，被称为**伸缩套管（telescopic pipe）结构**，也被称为**圆筒（cylinder）结构**。telescopic 是 telescope（望远镜）一词的派生词，因为这种结构能够像望远镜镜筒那样伸缩。

　　还有一个十分有名的伸缩结构，叫作"**桁架结构**"（truss structure），是一种由多个三角形组合而成的结构。这种结构常被用在折叠伞和婴儿车的折叠构造中。

教鞭伸出的原理

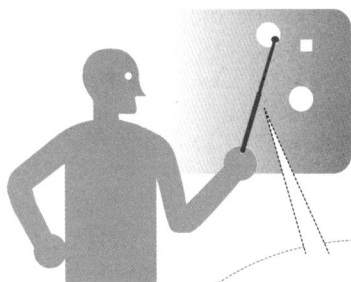

教鞭活跃在演讲场合中，它的构造和便携收音机的天线以及钓鱼竿相同。在这里介绍的是两节教鞭的构造。

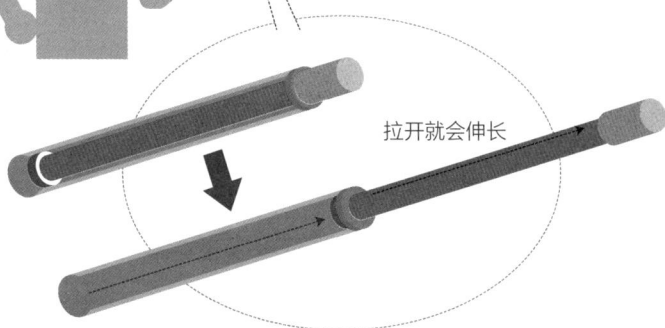

拉开就会伸长

机械伸缩的结构

伸缩套管结构（圆筒结构）

桁架结构（多段连接结构）

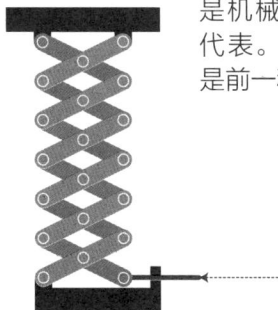

伸缩套管结构（圆筒结构）和桁架结构（多段连接结构）是机械伸缩结构的代表。教鞭利用的是前一种结构。

　　近年来，利用投影仪在屏幕上进行投影，并利用投影进行演讲的情况比较多见。在这种情况下，不能发光的教鞭无法清晰地指出讲到的位置，因此，人们开始使用**激光笔**来指示位置。红色的激光能够清晰地在屏幕上指示位置。

　　激光拥有普通光所没有的特质，它不会扩散，能够直线前进。普通的光，如手电筒的光，会沿着指向的方向向周围扩散，激光则与此不同。能够直线向前的激光，作为演讲中的指示用光简直再合适不过了。

　　激光能直线前进的秘密，隐藏在其发光原理中。普通的光是由一个一个原子单独随机发出的光聚集在一起而成的，与此不同，激光利用了**受激辐射**，使大量原子以相同频率发出光（这种光被称为**相干光**）。因此，激光能够向着一个方向前进，而不会产生混乱。

　　以前，想要获得激光需要利用十分大型的设备，不过现在只需要用一个 IC 芯片就可以产生激光了。IC 芯片还被广泛应用于 CD、DVD 和 BD 中。

激光的原理

激光笔中使用的激光，具有直线前进的特性。

◎一般的单色光

一般的单色光（波长相等的光）是分散的，没有一致性，这是因为它是由原子或分子随意发光产生的。

◎激光

激光的光波是整齐划一的（这被叫作相干）。这是因为它是由原子或分子同频发光产生的。

激光笔的结构

激光笔中使用了红色半导体激光芯片，它在 DVD 中也有使用。

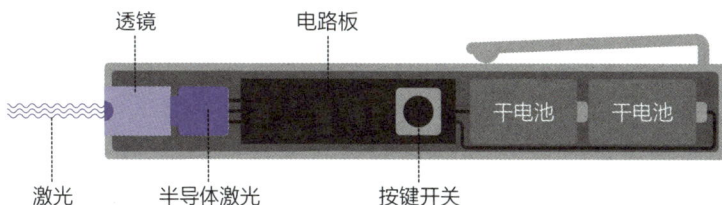

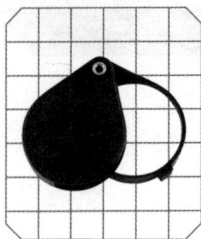

|放大镜|
光学原理的日常应用

日本社会正在向着老龄化高速推进，说起老化，其特征之一就是"老花眼"，老花眼会导致人们看不清眼前的微小物品。放大镜就是一种能够有效拯救老花眼的物品。

过了 45 岁，就会有人开始抱怨自己得了老花眼。这是一种无法看清小字，也看不清楚近距离的物品的老化现象。

放大镜是一种能够帮助老花眼看清物品的工具，也被称为**火镜**，简单地说，就是一种**凸透镜**。我们都在小学科学课堂上学过，凸透镜可以利用光的折射原理将物品放大给人们看。

不过，随身携带一个用玻璃制成的凸透镜多有不便，放大镜不仅重，看起来也不够时尚。因此，我们如果去文具店，就能看到店里在售卖许多十分别致的放大镜。轻薄的放大镜多是用塑料制成的，它们的设计通常也十分新潮。

这种轻薄的透镜，其实被称为**菲涅尔透镜**。这种透镜的制作方式是在普通透镜上切割出同心圆状的几层切口，再将这些同心圆压缩后重新贴合到原来的位置。这样做能

凸透镜和凹透镜

透镜有两种，一种是中间厚四周薄的凸透镜，另一种是中间薄四周厚的凹透镜。凸透镜能够放大近处的东西，观察远处的东西时则会看到远处东西的倒像。凹透镜能够缩小远处和近处的东西。

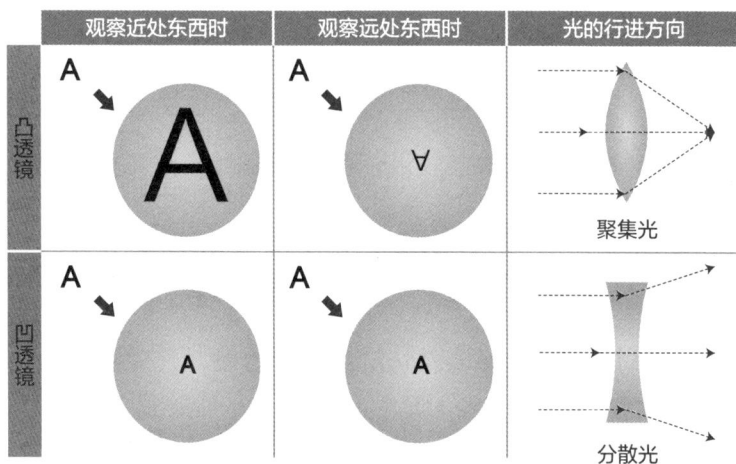

	观察近处东西时	观察远处东西时	光的行进方向
凸透镜	A	A	聚集光
凹透镜	A	A	分散光

凸透镜放大物体的原理

从 A 处发出的光被凸透镜折射后照到视网膜上成为 A″。也就是说，人们会产生错觉，认为光来自放大后的 A′。

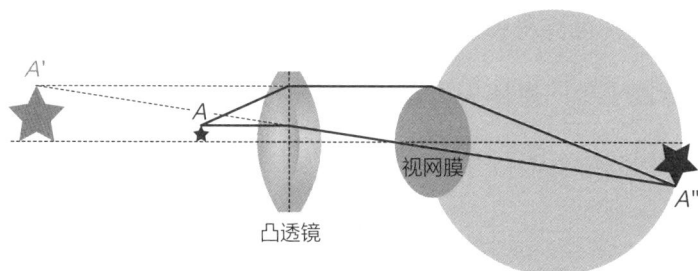

A′

A

视网膜

A″

凸透镜

使透镜的厚度减小，重量减轻，十分便于携带。

菲涅尔是一个人的名字，他是活跃于 19 世纪初期的法国科学家，因其对光的研究成果而闻名于世。菲涅尔透镜就是他的发明。

菲涅尔透镜被发明出来，最初是被用在灯塔上的。想要让光尽可能传得比较远，就要让光尽可能收束。在狭窄的灯塔中想要实现这个效果，透镜就显得又厚又重。解决这一不便问题的，就是菲涅尔透镜。

菲涅尔透镜也被用在一些我们意想不到的地方。例如，公交车后窗上安装的透镜就是菲涅尔透镜，它能够帮助司机观察车子后方的情况，因此广受好评。

而且，远近两用的隐形眼镜也利用了菲涅尔透镜的原理。这种隐形眼镜镜片上交替排列着同心圆状的凹透镜和凸透镜，能够实现单枚镜片的远近两用。

现在也有着和传统放大镜不同的放大方法。我们可以利用智能手机的摄像头拍摄文件，并在显示屏上放大阅读。当手边没有放大镜的时候，这种方法十分有帮助。

菲涅尔透镜的原理

在文具店，有一种叫作"菲涅尔透镜"的放大镜出售，这种放大镜又薄又轻。这种镜片为什么能够产生放大效果呢？

① 透镜

普通凸透镜中间厚四周薄。

② 在凸透镜上切割出同心圆状的切口。

③ 切割掉与不参与光的折射的平面部分，就制成了菲涅尔透镜。

◎俯视图

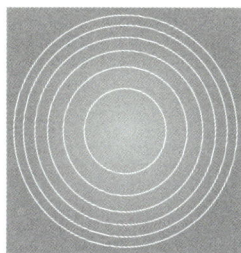

菲涅尔透镜的应用

广角菲涅尔透镜薄片

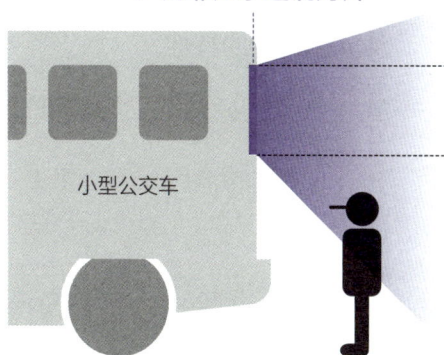

小型公交车

公交车后窗上会贴有一个用于确认车后状况的"广角菲涅尔透镜薄片"，虽然只是薄薄一片，却能完全起到透镜的作用。

瓦楞纸
结构力学的巧妙设计

保管文件时，瓦楞纸箱是必不可少的。不过，到底为什么瓦楞纸箱能够既轻又结实呢？

就像"会计监督检查报告要保留 5 年"等规定一样，公司或者政府机关的重要文件都有一定的保存期限。要收纳这类平常用不上，但万一需要时却十分重要的文件，瓦楞纸箱就是一个很好的工具。瓦楞纸箱既轻便又结实，那么，到底为什么瓦楞纸箱会如此结实呢？

瓦楞纸由两层纸板（被称为**面纸和里纸**）夹着中间一层纸芯（被称为**芯纸**）构成，这种结构被称为**三明治结构**，瓦楞纸箱正是因此才拥有了轻便且结实的特性。

让我们更仔细地看一下瓦楞纸箱的断面吧。我们可以将芯纸所形成的空间视作一系列朝上和朝下的等腰三角形，瓦楞纸箱既轻便又结实的秘密就在于此。

既然是中空的，重量当然会很轻。同时，等腰三角形能够分散由上方传下的力。这被称作**桁架结构**，这种结构

瓦楞纸的构造

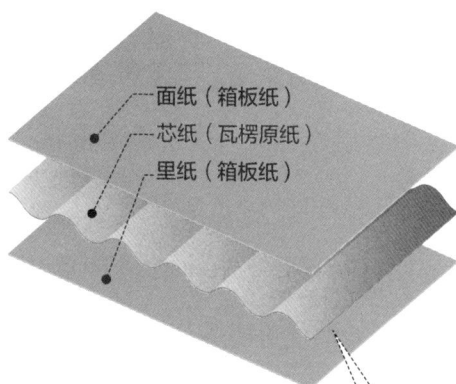

左图是"双面瓦楞纸"的构造图。其结构有三层，其中最重要的是要使芯纸变成波浪状。顺便一说，这种波浪叫作楞（flute），flute 和乐器长笛的名称相同。

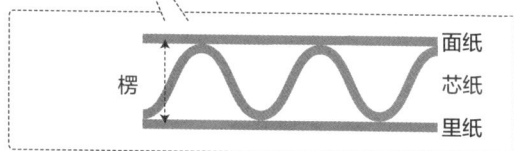

面纸（箱板纸）
芯纸（瓦楞原纸）
里纸（箱板纸）

楞

面纸
芯纸
里纸

桁架结构的原理

桁架结构的基础是三角形。利用了这种结构的桥就被称为桁架桥，如东京京门大桥。三角形能够将施加于顶点的力分散到左右两边，是一种十分稳定的结构。

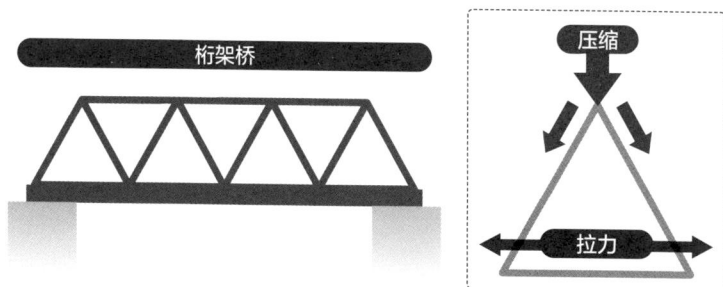

桁架桥

压缩

拉力

的强度在东京京门大桥上也得到了验证（顺便一提，东京京门大桥的桥型被称为**桁架桥**）。

让我们来看一下瓦楞纸的制作方法吧！首先准备面纸、里纸和芯纸所要用到的纸，然后将芯纸一边折成波浪状一边粘在里纸上，最后再将面纸粘好即可。

制作瓦楞纸板用到的原材料，几乎 100% 来自旧瓦楞纸箱的纸。瓦楞纸箱是回收利用的优等生呢！

话说回来，为什么要把这种纸称为"瓦楞纸"呢？瓦楞纸的英文是 corrugated 或者 cardboard（指具有波浪形状的厚纸），这一名字忠实地表现出了芯纸的特征。不过，为了使其有一个更加形象的日本名字，当时的头部制造商联合包装公司的创始人将其翻译成了"段ボール（瓦楞纸）"。这便是在 20 世纪初，瓦楞纸箱名称的由来。顺便一说，board 这个词的发音会被日本人听成 ball。

据说瓦楞纸在 19 世纪被发明出来时，最初是用作礼帽内衬的止汗部件的，而不是用于保存物品的。也就是说，不易变形的瓦楞纸所具有的高强度特性也被活用在人的头顶呢。

瓦楞纸的制作方法

来看一下普通双面瓦楞纸的制作方法吧！其实就是将 3 张纸板按顺序黏合起来。

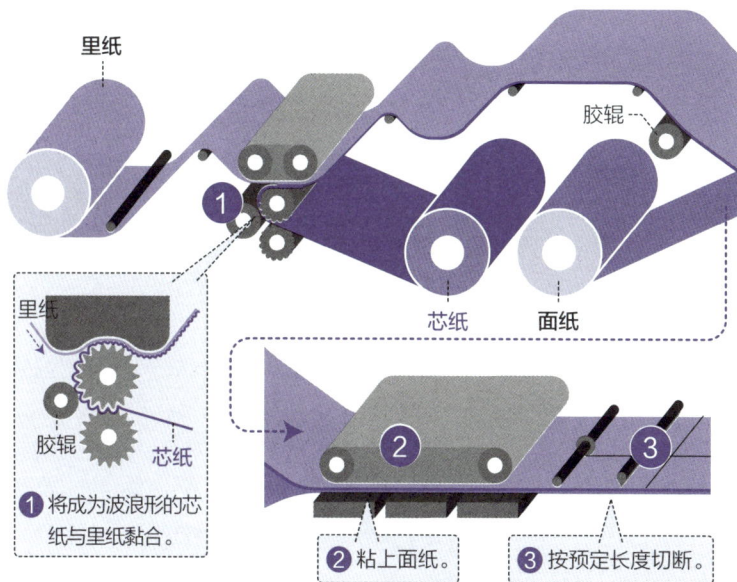

里纸

胶辊

①

芯纸　面纸

里纸

胶辊　芯纸

① 将成为波浪形的芯纸与里纸黏合。

②

③

② 粘上面纸。

③ 按预定长度切断。

瓦楞纸以前是用在帽子里的？

以前，贵族穿的衣服的领子上有褶皱。以此为灵感，人们将折成波浪状的厚纸（纸板）放入礼帽内侧，用于止汗。这就是瓦楞纸的起源。

第五章

记录与承载
纸与书写用具
中的科学

黑板
粉笔与摩擦的科学

虽然被称为"黑板",不过现在的黑板大都是绿色的。话说回来,为什么我们能够在黑板的表面写字呢?

　　黑板在明治时期传入日本,其名称是英文名称blackboard 的直译。其实,过去的黑板表面真的是黑色的,直到昭和中期才改良了表面涂料,开始使用具有护眼效果的绿色黑板。

　　我们能够用粉笔在黑板上写字,是因为黑板表面具有特殊的构造。从微观视角来看,黑板的表面有许多细小坚硬的凹凸,当使用由白色粉末固化制成的粉笔书写时,剥落的粉末就会残留在表面的凹凸中,这些白粉就在黑板上形成了白色的字。也正因为这一原理,用粉笔写的字也能够从黑板上擦掉。这和用橡皮擦掉铅笔在纸上写的字的原理是相似的。

　　用粉笔在黑板上写字时,能够感受到轻微的摩擦力,摩擦力能够让粉笔块变为粉末,这种力的原理究竟是什么

粉笔能在黑板上写字的原理

黑板表面的涂层不是平整的，而是粗糙不平的，这种粗糙不平的表面能够将粉笔的粉末削下来。

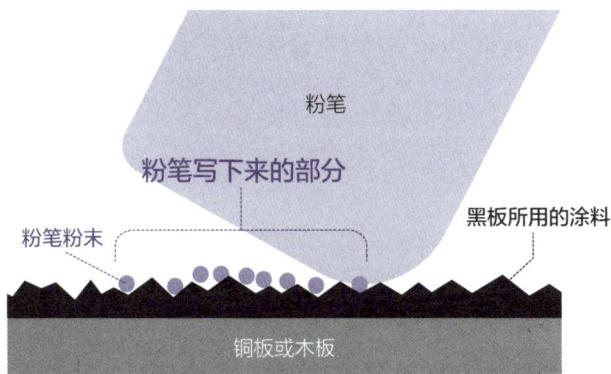

粉笔

粉笔写下来的部分

粉笔粉末

黑板所用的涂料

铜板或木板

摩擦的原因

从微观视角观察黑板表面可以看到，在黑板表面涂层与粉笔的接触点处存在着附着的部分和挖起破坏的部分。这是静摩擦力（附着）和滑动摩擦力（变形）导致的。

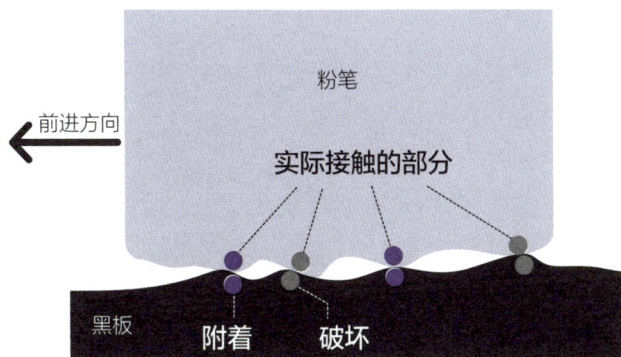

粉笔

前进方向

实际接触的部分

黑板 附着 破坏

呢？这种力主要有两种来源，一种是物体附着于接触面而产生的力（静摩擦），另一种是因物体相互运动而产生的力（滑动摩擦）。粉笔和黑板的关系正是这两种摩擦的具象化。在粉笔和黑板的接触点处，粉笔因附着于黑板上（静摩擦），以及被黑板表面磨损（滑动摩擦），从而实现了在黑板上书写。

接下来，我们来研究一下粉笔。粉笔在以前曾被称为"**白墨**"，分为石膏制成的软式粉笔和碳酸钙制成的硬式粉笔两种。日本在初期从法国进口的粉笔是石膏制的，后来从美国引进了碳酸钙制成的粉笔。由于日本可以大量出产石灰石，碳酸钙制成的粉笔便成为市场主流。而且因为可以用丢弃的贝壳或蛋壳作为原料生产碳酸钙，这种粉笔也是一种环保的粉笔。

另外，在爱媛、宫崎和鹿儿岛三个县中，人们把黑板擦称作 rafel，这个词是荷兰语中"擦"的意思。为什么只有这三个县保留了文明开化运动❶以前的语言呢？这至今仍是个谜。

---

❶ 文明开化运动指的是日本明治维新时期，全面推行的文化和制度全面西方化的革新运动。

粉笔的制作方法

粉笔有石膏制成的软式粉笔和碳酸钙制成的硬式粉笔两种。

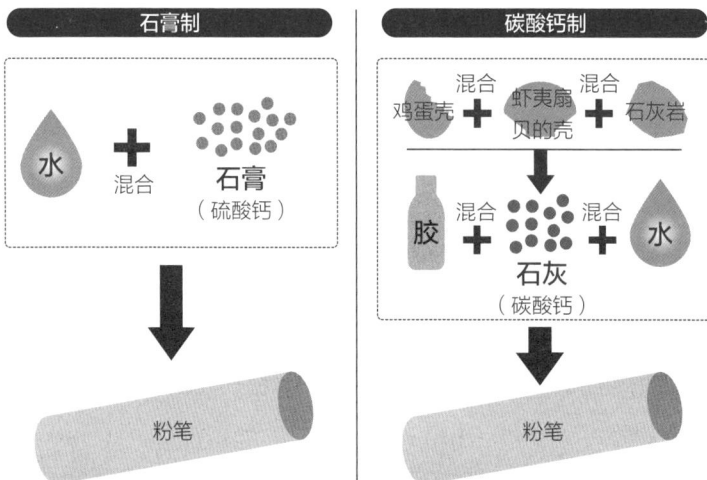

石膏制	碳酸钙制

水 **+** 石膏（硫酸钙）
混合

↓

粉笔

鸡蛋壳 **+** 虾夷扇贝的壳 **+** 石灰岩
混合 混合

↓

胶 **+** 石灰（碳酸钙） **+** 水
混合 混合

↓

粉笔

黑板擦清洁器的构造

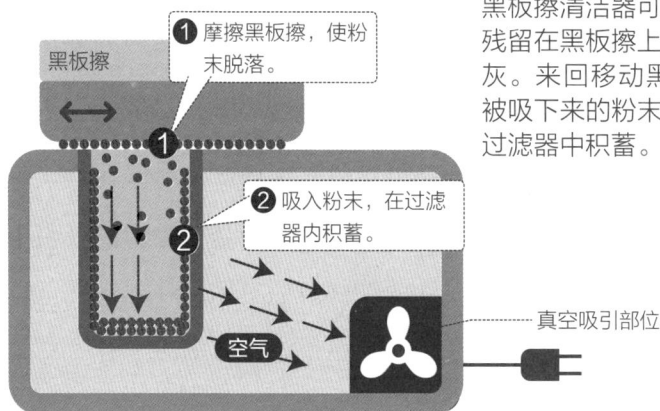

黑板擦清洁器可以去除残留在黑板擦上的粉笔灰。来回移动黑板擦，被吸下来的粉末就会在过滤器中积蓄。

❶ 摩擦黑板擦，使粉末脱落。

黑板擦

❷ 吸入粉末，在过滤器内积蓄。

空气

真空吸引部位

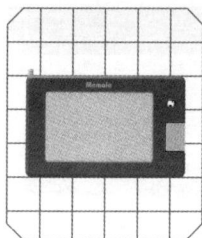

磁性手写板
磁力与书写的结合

磁性手写板，又被称为磁性记事板，能够很便利地书写简单的笔记。商品名为"老师""绘画学习"等同类的益智教育玩具十分有名。

　　磁性手写板是一种利用磁性进行书写或绘画的文具，它具有许多优点，如只用较小笔压就能书写，不需消耗墨水和纸等耗材，十分经济实惠。磁性手写板作为儿童绘画文具也十分有人气，因其能多次被擦除和重写，十分便利。

　　磁性手写板的构造十分简单，板子的下方铺满了大约三毫米宽的小孔，这些小孔中封入了白色的液体和黑色的细小磁铁片。在写字时，使用笔尖处装有磁铁的专用笔（磁笔）在板子表面描画，小孔中的磁铁片就会被吸到表面来，显现出黑色的文字。想要消除字迹时，只要在板子背后放一块磁铁就可以了。小孔中的磁片会在磁力的吸引下移动到下方，字迹便消失了，白色的液体重新填满表面，使手写板恢复原有的白色。

　　最近，人们发明出了能写出红色和黑色两种颜色的磁

磁性手写板的构造

板子的下方铺满了大约三毫米宽的小孔，利用装有磁铁的笔（磁笔）对小孔中的黑色磁铁片进行吸引，就能显示出字迹或画迹了。小孔中还充满着白色的液体，这些液体既能作为手写板的底色，又能防止磁片迅速掉落。

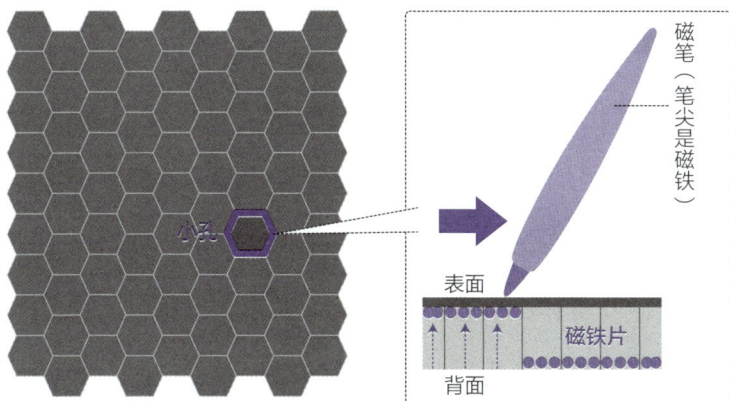

磁笔（笔尖是磁铁）

表面

磁铁片

背面

黑红双色磁性手写板的构造

小孔中的磁铁片的 N 极涂上红色，S 极涂上黑色。黑色笔的笔尖是 N 极，红色笔的笔尖是 S 极，使用这种磁笔，就能写出所需颜色的文字了。

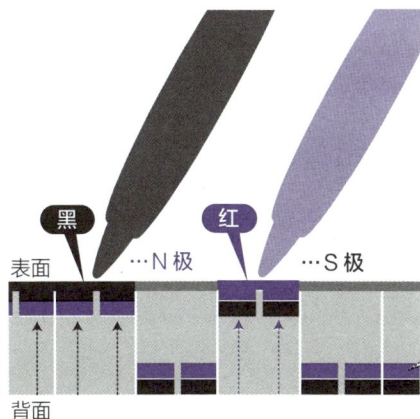

黑

红

表面　…N 极　…S 极

N 极
S 极

背面

性手写板。这种手写板小孔中细小磁铁片的 N 极和 S 极上分别染上了红色和黑色。如果用 N 极笔尖的黑色笔写字，磁铁片的黑色一极（S 极）就会被吸到表面上，显示出黑色的字迹。相反，如果用 S 极笔尖的红色笔写字，就会写出红字。

如果将上述介绍中的"磁"改为"电"，我们也能够从中了解到近年来成为话题的**墨水屏**的原理。**电子书阅读器**的屏幕所使用的就是墨水屏。在墨水屏中，以充满透明液体的微胶囊作为像素点，微胶囊中有着带负电的白色颗粒和带正电的黑色颗粒。在电极的指示下，这两种颗粒上下移动，实现文字的显示。

能够实现"多次写字擦除"这一功能的，还有一种叫作**"水写布"**的文具，多被用来作为习字练习板和涂鸦玩具。水写布的字迹显示方式，是通过改变表层的含水量来改变光的透射，从而显示出底层的颜色。其原理有点像磨砂玻璃沾水变透明，对于磨砂玻璃，沾水会使一直对光线进行漫反射的玻璃表面平整，让光线顺利通过玻璃，因此会变得透明。

如果把磁变为电，就成了墨水屏

墨水屏被用在许多电子书阅读器的显示屏上。墨水屏里铺满了无数的微胶囊，在电的作用下，微胶囊内的黑色和白色带电颗粒移动，从而实现文字的显示。

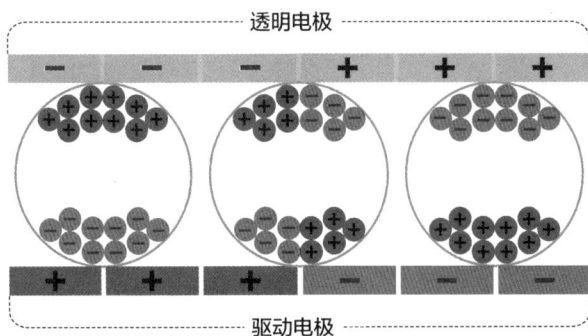

水写布能够反复书写并消除字迹的原因

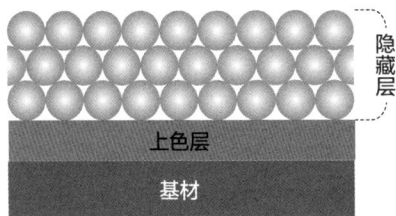

用含水的毛笔书写时，表面隐藏层的折射率会发生变化，从而显现出底色。

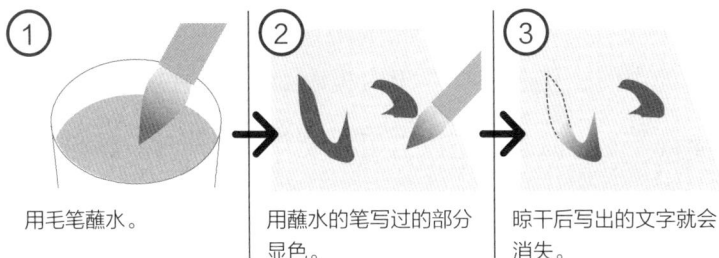

① 用毛笔蘸水。

② 用蘸水的笔写过的部分显色。

③ 晾干后写出的文字就会消失。

|白板|
光滑表面的书写革命

白板不像黑板那样，在使用时粉笔灰会四处飘散，因此白板成为办公室中的便利工具。让我们来看一下白板专用马克笔的原理吧！

　　白板是在办公室开会时必不可少的工具，能够帮助参会人员收集会议中的意见，确认会议记录。并且，小型的白板也会用作家庭留言板，或用于记录待买的物品和备忘录。

　　白板的不可思议之处在于，写在上面的字迹只用布和海绵等就可以很轻松地擦掉。这其实是白板专用马克笔所使用的墨水的功劳。在这种墨水中，除了有普通墨水中的溶剂、颜料和树脂等成分，还添加了**剥离剂**。

　　书写时，溶剂会迅速挥发，同时树脂和颜料结合形成墨膜，从而写出有颜色的文字。而剥离剂会残留于白板和墨膜的中间，使膜能够浮于白板表面。因为白板上写着的文字处于这种状态，所以当用布或海绵擦拭时，墨膜就会和剥离剂一同被擦掉，文字也就消失了。

　　在使用白板专用马克笔的时候需要注意，在暂时不用

白板专用马克笔中含有剥离剂

白板专用马克笔的墨水中，除了溶剂（主要是酒精）、颜料、树脂外，还有剥离剂。文字能轻易消失的秘密就在于剥离剂。

着色材料（颜料）　　　　树脂（黏合剂）

着　溶　树　剥

溶剂（酒精）　　　　剥离剂

白板专用马克笔能被擦除的原因

在白板上书写文字后，用布或海绵擦拭，文字就会消失。这是因为在剥离剂的帮助下，墨膜处于"浮起"的状态。

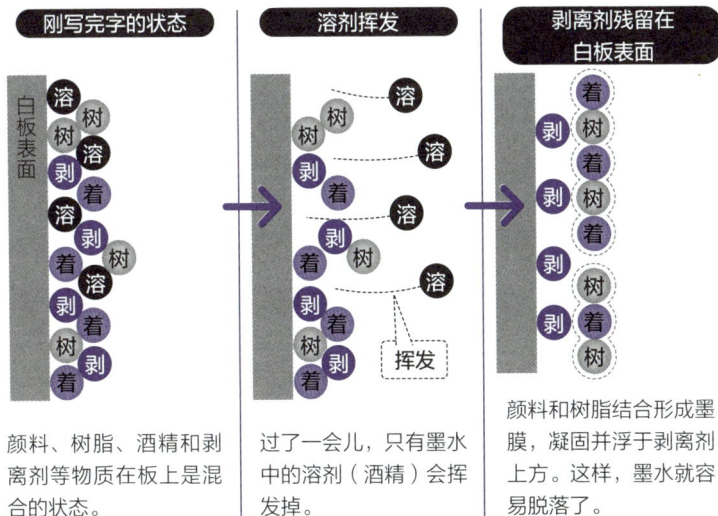

刚写完字的状态

颜料、树脂、酒精和剥离剂等物质在板上是混合的状态。

溶剂挥发

挥发

过了一会儿，只有墨水中的溶剂（酒精）会挥发掉。

剥离剂残留在白板表面

颜料和树脂结合形成墨膜，凝固并浮于剥离剂上方。这样，墨水就容易脱落了。

时必须要将其横置。如果不将其横置，比重不同的颜料和溶剂就会分离，导致写出来的字深浅不一。

白板有各种各样的类型，在办公室使用的白板通常是在金属板的表面进行涂装制成的。想要使用轻便的白板，可以选择铝制的；想要在白板上使用磁铁，可以选用钢制的。

近年来，信息化也已经波及白板的领域。例如，在白板的四角加上特殊标记，再用智能手机进行拍摄，有一种APP能够使拍摄出来的照片只包含白板内部的内容。照片可以直接当作会议记录保存，也能够十分便利地共享到云端。

另外，**电子黑板**也开始被广泛应用。电子黑板由巨大的触摸屏组成，既可以像黑板那样直接在上面书写，也能够即时进行打印。

马克笔要横置保存

白板专用马克笔应横置保存。若笔尖朝下保存，笔尖就会堵住；若笔尖朝上保存，笔中的墨水就会变得浅，写出来的字很难看清。

◎横置保存

◎纵向保存

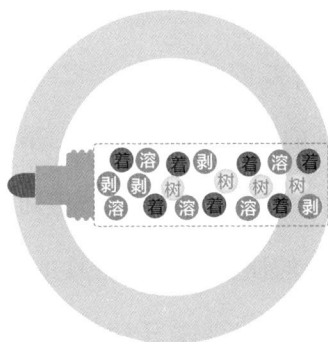

着色剂、树脂、溶剂和剥离剂均匀混合。

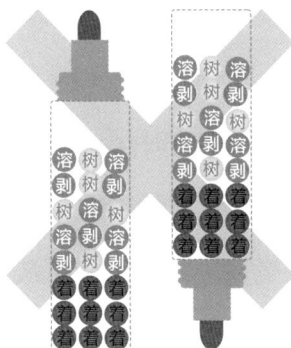

着色剂会沉淀于下方。

白板的结构

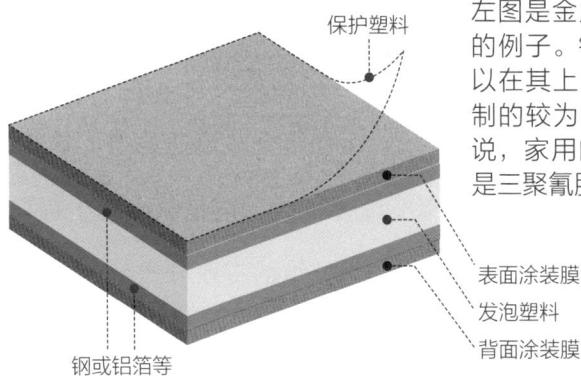

左图是金属制白板结构的例子。钢制的白板可以在其上使用磁铁，铝制的较为轻便。顺便一说，家用的廉价白板多是三聚氰胺树脂制成的。

保护塑料

表面涂装膜

发泡塑料

背面涂装膜

钢或铝箔等

|和纸|
传统工艺与现代科学的融合

近年来，和纸被视为一种"特别的纸"而人气大涨。因被作为毕业证书和创意折纸的材料，传统的纸张获得了人们的重新审视。

直到明治时代，在日本提到的纸指的都是和纸。虽然在现代纸浆制纸法传入日本后，和纸的产量剧减，但和纸的人气并未断绝，也许是它独特的质感仍吸引着日本人。例如，有一种装饰着花样和纹饰的和纸叫作**千代纸**，至今仍被用在日本传统折纸艺术、纸人偶的衣服制作和工艺品的装饰中。近年来，还产生了一股使用和纸制作毕业证书的热潮。

造纸术在飞鸟时代❶传入日本后被进行了改良，便产生了现在的和纸。和纸与现在市面上大量流通的纸（**洋纸**）究竟有什么不同呢？其实不论哪种纸，都是从植物中提取出纤维素制成的，两者不同的是纤维的提取方式。

---

❶ 日本飞鸟时代，指 592—710 年。

和纸和洋纸的纤维

目前，在市面上大量流通的纸是洋纸。洋纸与日本被长久使用的和纸有何不同呢？

和纸	洋纸
	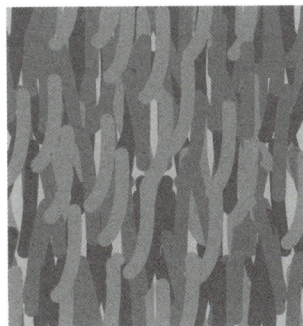
使用的是树皮部分的纤维。与洋纸相比纤维更长，表面粗糙不均匀。	使用的是木质部分的纤维。与和纸相比纤维短，表面光滑均匀。

植物纤维的结合

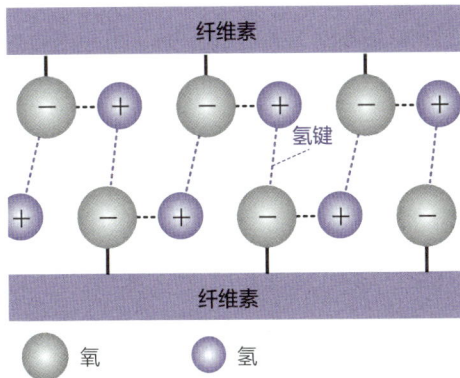

纤维素

氢键

纤维素

氧　　氢

植物纤维本质上是纤维素，它们在自然的力量（氢键）下有着很弱的联结。纸能够被折叠、撕破，原因就在于这种弱结合。另外，纸张之所以怕水，是因为这种结合力会被水冲散。

　　和纸的制作方法是先煮原材料，将纤维提取出后，再敲打使其散开，然后用网捞起（这个过程叫**抄纸**）使其干燥。与此相对的，现代洋纸的主流制作方法是用机械把木材粉碎，然后加入药剂一起煮，从而提取出纤维。和纸的制作方法是物理层面的，而洋纸则是利用化学方法进行制作的。

　　从制作方法中可以看出，和纸的纤维更长，纸张更结实，不易劣化，更适合用来保存。与此相比，洋纸的纤维更加紧密，适于大量生产，能够有效控制出品的稳定性。

　　那么，纸为什么能被折叠和撕破呢？这与其原料——植物纤维的性质有关，即纸张中的植物纤维相互缠绕，并且通过其自身的结合力（即**氢键**）结合在一起。这种结合力是因物体彼此靠近而产生的，并不是非常强。因此，纸张既能被折叠也能被撕破。如果结合力太大，纸就会像玻璃一样一折就碎掉了（为了适当补足强度，造纸时一般会添加一些胶质的成分）。

　　这种结合力的不稳定，还体现在纸只要浸水就会碎开的特征中。较弱的结合会被水破坏，使得纤维分散开来。

在家中也能制作和纸

大多数和纸是从楮树中提取纤维制作而成的，但这种原材料比较难以获得，我们也可以利用牛奶盒的包装纸（去掉表面薄膜）来替代。不加胶水也能够制作和纸，不过只要稍微加一点就能大幅提高纸的强度。在和纸制作中，这叫作 tororo（黏糊糊）。

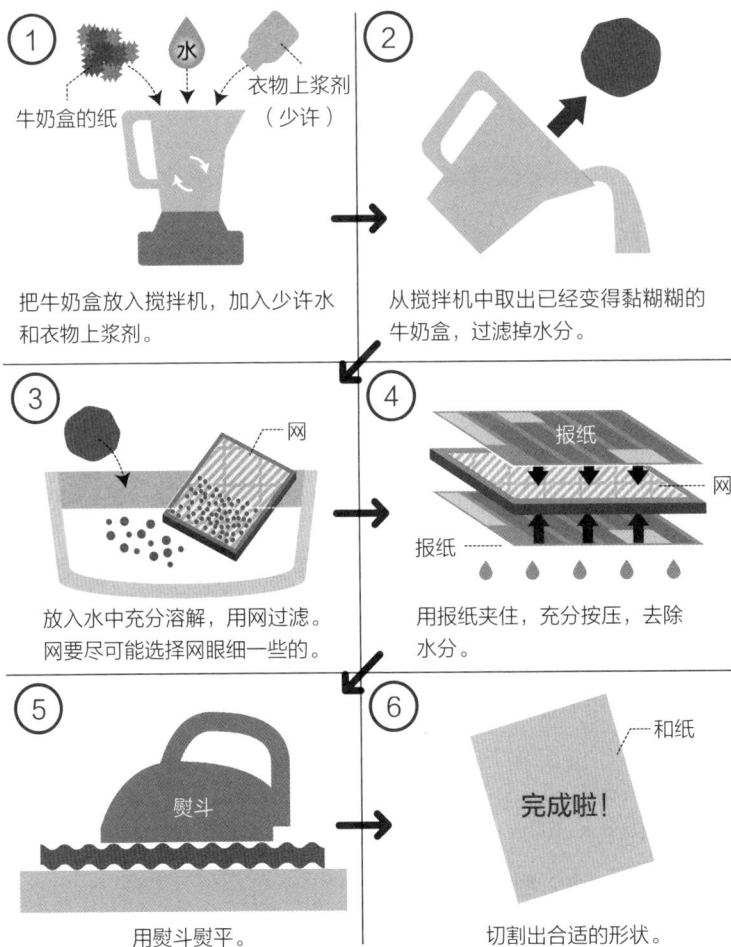

① 水 衣物上浆剂（少许）

牛奶盒的纸

把牛奶盒放入搅拌机，加入少许水和衣物上浆剂。

②

从搅拌机中取出已经变得黏糊糊的牛奶盒，过滤掉水分。

③ 网

放入水中充分溶解，用网过滤。网要尽可能选择网眼细一些的。

④ 报纸 网 报纸

用报纸夹住，充分按压，去除水分。

⑤ 熨斗

用熨斗熨平。

⑥ 和纸

完成啦！

切割出合适的形状。

草纸（木浆制纸）
造纸术的科学基础

以前学校下发的文件一般用"草纸"打印。草纸是什么样的纸呢？

低级印刷纸 B4 50张
257mm×364mm

　　近年来，学校给家长下发的文件基本上都用质量较好的纸打印，不过在以前几乎用的都是草纸。虽然被叫作**"草纸"**，但这种纸里也没有草。草纸指的是**低级印刷纸**，一种较为廉价的纸张。

　　想要了解草纸，也就是低级印刷纸，首先要理解洋纸的制作方法（造纸法）。在现代的造纸工厂中，为了造纸，要将植物纤维从木头中提取出来，制成**"木浆"**。木浆有两种，一种是**化学木浆**，另一种是**机械木浆**。化学木浆是木材利用化学反应制成的，因此纤维纤细但强度很高。机械木浆是利用机械将木材捣碎后制成的，因此和化学木浆相比，纤维更粗糙，强度也较低。

　　将这两种木浆按不同比例混合就制成了不同品质的纸，化学木浆含量为 100% 的纸为**高品质纸**，化学木浆含量为

化学木浆的制法

将木材粉碎成木屑，在其中加入化学药剂，除去木质素和垃圾、杂质，然后进行漂白，化学木浆就制成了。

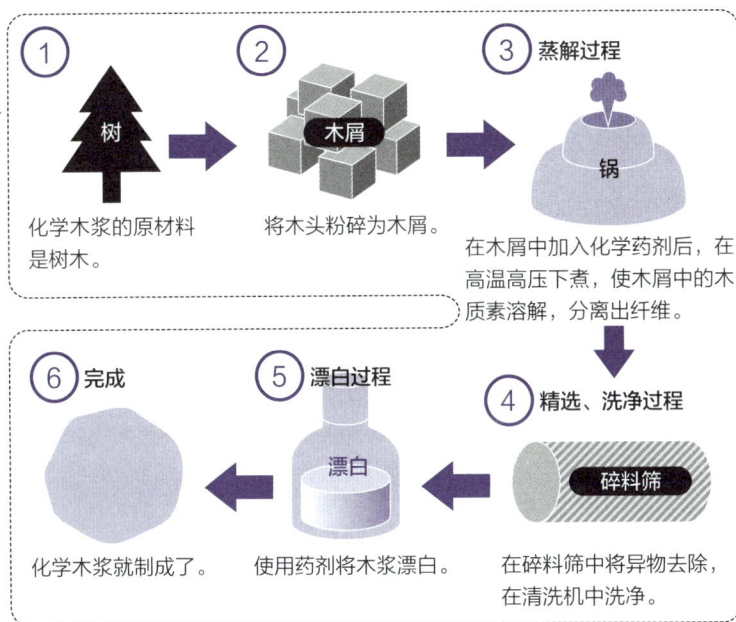

① 树
化学木浆的原材料是树木。

② 木屑
将木头粉碎为木屑。

③ 蒸解过程
锅
在木屑中加入化学药剂后，在高温高压下煮，使木屑中的木质素溶解，分离出纤维。

④ 精选、洗净过程
碎料筛
在碎料筛中将异物去除，在清洗机中洗净。

⑤ 漂白过程
漂白
使用药剂将木浆漂白。

⑥ 完成
化学木浆就制成了。

高品质纸、中品质纸和低品质纸的区别

纸品按其化学木浆的含量分为三种。

类型	化学木浆的含有率	主要用途
◎高品质纸	100%	书籍、教科书、商业印刷，普通印刷等
◎中品质纸	70% 以上	书籍、教科书、文库本、杂志内文等
◎低品质纸	不足 70%	杂志内文、电话簿等

70% 的纸为**中品质纸**，70% 以下的就是**低品质纸**，这种低品质的纸，就是木浆制纸，又称草纸。

化学木浆是怎么制成的呢？树木中含有的纤维都是和**木质素**紧密结合在一起的，木质素对造纸不利，因此在造纸过程中，人们会使用硫酸盐等化学物质并加热，利用化学反应使木质素溶解，从而获得纯粹的纤维，用这种方法得到的木浆就是化学木浆。

其实，过去的草纸中真的有稻草。正如在和纸的制法一节（202 页）中我们讲到过的，只要利用含有纤维素的材料，就可以制作出纸张来。在明治 30 年之前，制作洋纸的主流原料还是稻草和破布，"草纸"是明治时代遗留下来，现在仍被使用的名字。

近年来，因为制纸需要大量砍伐森林，所以用木材制作纸张的行为广受批评。人们开始呼吁进行纸的回收利用，通过回收重新制成的纸张被称为**"再生纸"**（222 页），另外，将生长迅速的一年生植物作为原材料的造纸方法也备受关注，**大麻槿**便是其中代表之一。这种植物从播种到收获只需要 5 个月，在每 100 平方米的土地上能够收获 10 千克纤维，产量和效率令人惊讶。

木质部的构造

树木由木质部构成，其基本情况如下图所示。植物纤维的主要成分纤维素以成束的纤维素微纤丝的形式存在。对于质量优良的木浆而言，木质素和（部分）半纤维素是杂质，需要在蒸解过程中去除。

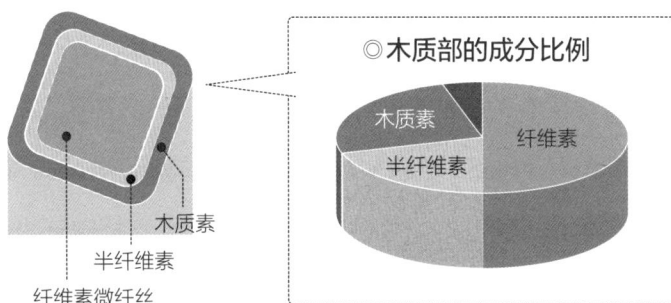

◎ 木质部的成分比例

木质素

纤维素

半纤维素

木质素

半纤维素

纤维素微纤丝

大麻槿纸——非木制纸的代表

大麻槿是能被制成纸浆的植物中生长速度最快、单位面积纤维收获量最大的植物。用一粒大麻槿种子，就能制成 10 张明信片。

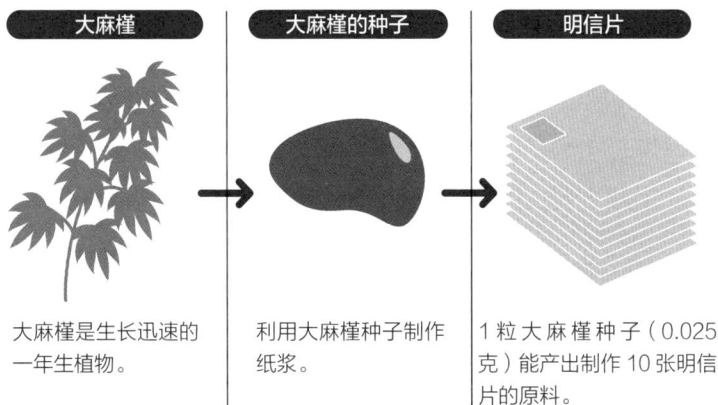

| 大麻槿 | 大麻槿的种子 | 明信片 |

大麻槿是生长迅速的一年生植物。

利用大麻槿种子制作纸浆。

1 粒大麻槿种子（0.025克）能产出制作 10 张明信片的原料。

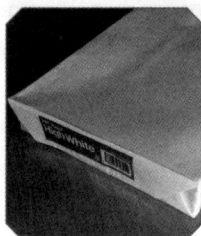

|打印纸|
平滑与吸墨的平衡

....

笔记本中使用的纸和打印纸的手感有微妙的不同。然而，他们之间的区别仅仅在于手感吗？

在复印机、打印机和传真机等成为办公室必备品后，**打印纸**也成了办公室不可缺少的文具之一。打印纸也被称为 **PPC 用纸**，PPC 是 plain paper copier（普通纸复印机）的缩写，PPC 用纸的意思是普通纸复印机所用的纸张。

在了解打印纸之前，我们需要先了解一下早期的造纸技术"**抄纸法**"。纸是由从木材中获得的木浆制成的（206页），将木浆用水稀释，倒在铁丝网上过滤，再提起干燥，然后用滚筒平整表面，这一流程就是造纸流程中的"**抄纸**"工艺。

书籍、笔记本等使用的纸张各有特色，那么，是在哪个流程中决定了纸张类型的呢？一般来说，在原料制作或者抄纸工艺流程中，会向纸中加入各种各样的药剂，正是这些添加的药剂决定了纸的不同性质。这些添加剂有能防

造纸工程（抄纸工艺）

笔记本中使用的纸，是经过什么流程从木浆变成纸的呢？

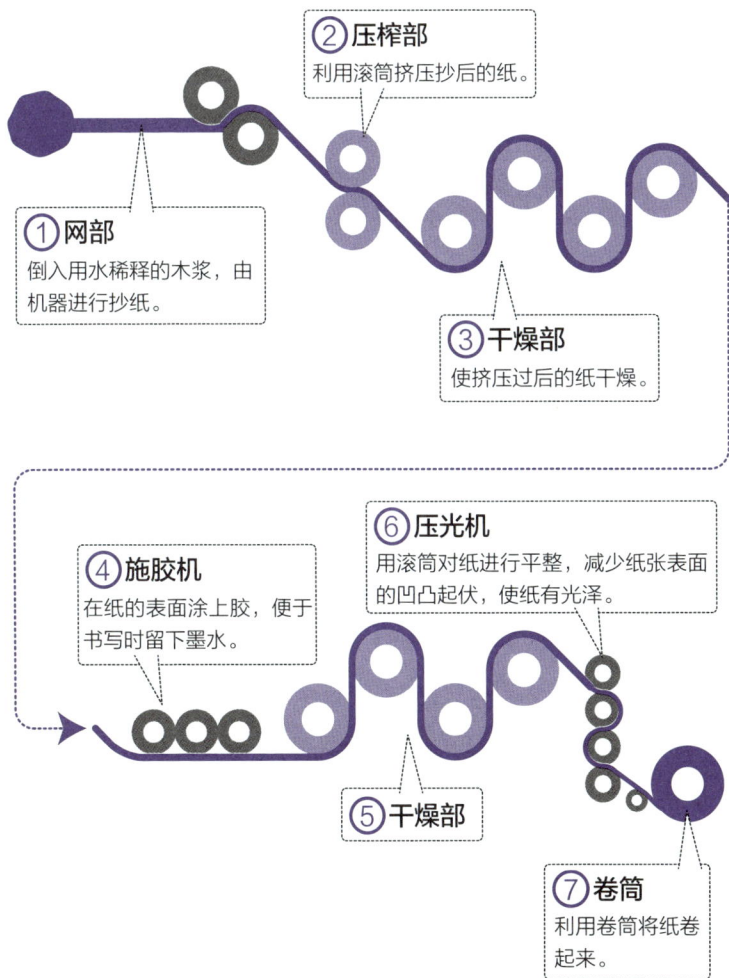

② **压榨部**
利用滚筒挤压抄后的纸。

① **网部**
倒入用水稀释的木浆，由机器进行抄纸。

③ **干燥部**
使挤压过后的纸干燥。

⑥ **压光机**
用滚筒对纸进行平整，减少纸张表面的凹凸起伏，使纸有光泽。

④ **施胶机**
在纸的表面涂上胶，便于书写时留下墨水。

⑤ **干燥部**

⑦ **卷筒**
利用卷筒将纸卷起来。

止墨水晕开的**施胶剂**，用来填充纤维缝隙、给纸增白和增加不透明性、改善纸面平滑度的**填料**，增强纸张韧性的**纸力增强剂**以及给纸染色的染料和颜料等。

打印纸中也添加有特殊的药剂，因为打印纸需要能承受比书籍和笔记本用纸更苛刻的环境。打印纸需要在复印机和打印机中使用，会面临机器带来的压力、高温以及高电压。如果不对打印纸进行特殊处理，纸张就会很容易过度伸展或卷曲，并因携带静电而导致卡纸。因此，要在打印纸的制造过程中加入添加剂来预防这些问题。这些添加剂使打印纸与其他的纸产生了区别，它能够耐受复印机中的高电压和高温，不会引起机器故障。

有时候，我们会觉得打印纸特别白，这是因为纸中含有**荧光增白剂**。荧光增白剂可以使纸张比同等白度的纸更显色，当纸中旧回收纸的比例较高的时候，荧光增白剂能有效抵消成品纸颜色的暗沉。不过，《食品安全法》规定，禁止食品和与食品直接接触的制品中添加荧光增白剂，因此它并不是一种受人欢迎的添加剂。

将手工抄纸工艺机械化的网部

造纸机的网部让被水稀释 100 倍的木浆从金属网上流过，从而实现了对手工造纸手抄工艺的机械化。其原理基本上和手抄工艺相同。

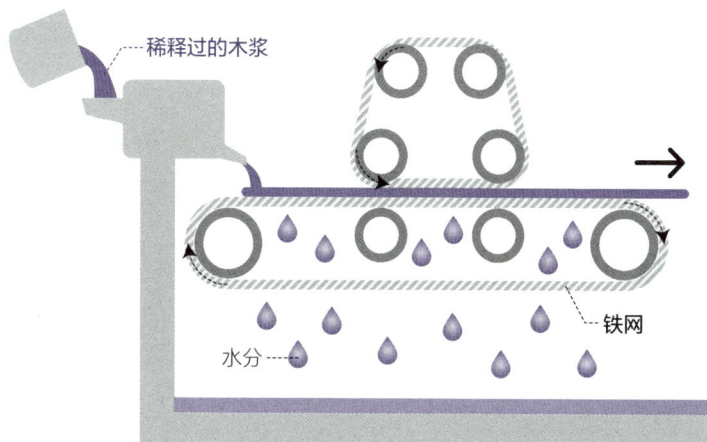

稀释过的木浆

铁网

水分

填充纤维间隙的填料

填料能够填充纤维间的间隙，使纸更加白且不透明，表面更加光滑。常用的填料是碳酸钙和氧化钛。

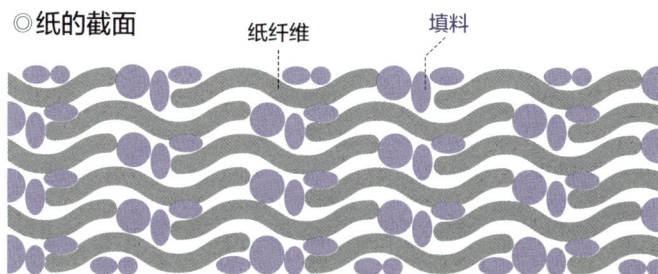

◎纸的截面

纸纤维

填料

喷墨打印纸
墨水与纸张的精密配合

想要去文具店买喷墨打印纸的时候，我们会发现喷墨打印纸的种类十分多样。那么，它们之间有什么不同呢？

市面上的贺年明信片有**喷墨打印纸**和**喷墨相纸**两种材质。同时，如果你在文具店或家电批发市场寻找打印用纸，也会发现有**亚光纸**、**相纸**和**顶级打印纸**等不同种类。这都是些什么纸呢？

要想理解喷墨打印用纸的分类，首先要了解**涂布纸**。从木浆中抄得的纸表面存在凹凸起伏，要使表面平整，就要在纸的表面涂上一层涂料，这种纸就被称为涂布纸。涂料不仅可以抹平纸张表面的凹凸，而且可以吸收油墨，使印刷效果更好。相对的，没有经过涂布的纸就被称为**非涂布纸**。复印用纸和笔记本上用的纸就是非涂布纸。

涂布纸的制作，是在抄纸工序中添加了一个涂布环节，进行涂布的机器被称为**涂布机**，根据涂布的涂料区别，涂布纸可以分为没有光泽的**亚光涂布纸**和有光泽感的**光面涂**

涂布纸的制作方法

用涂布机在抄好的纸表面涂上涂料，然后晾干。将这一工序纳入抄纸工序，就可以制成涂布纸。

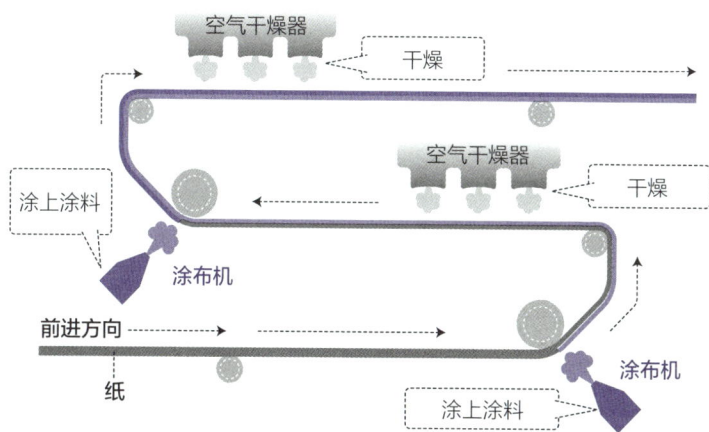

空气干燥器

干燥

空气干燥器

干燥

涂上涂料

涂布机

前进方向

纸

涂上涂料

涂布机

涂布纸和非涂布纸

涂布纸是指表面有一层为了使纸张表面平整而涂上涂料的纸，非涂布纸则指没有涂料的纸。

涂布纸	非涂布纸

纸张表面涂布的涂料

墨水

非涂布纸的表面平整度低

墨水

涂布纸的表面涂有二氧化硅等白色颜料。涂布纸因为表面光滑，涂层下部的纸不太容易吸收油墨，所以显色较好，适合打印照片。

非涂布纸的表面粗糙，容易吸收大量墨水，因此和涂布纸相比显色差一些。

布纸。为获得比光面涂布纸更好的光泽而进行了特殊表面加工的纸，被称为**高光涂布纸**。

让我们来具体了解一下吧！**顶级打印纸**就是一种高级的普通纸，是非涂布纸。这种纸虽然适合印刷文字，但不适合用来印刷照片。**亚光纸**是亚光涂布纸的简称，是进行了表面光泽消除处理的涂布纸，喷墨打印纸材质的贺年明信片所用的就是这类纸。**相纸**是一种高光涂布纸，喷墨相纸材质的贺年明信片用的就是这种纸。

打印机的打印效果取决于打印用纸。要想清晰地打出数码照片，就要用有专用涂层的喷墨专用高光纸。高光纸有**高分子涂层**和**多孔微粒涂层**两类，我们可以把高分子涂层想象成明胶，把多孔微粒涂层想象成硅胶。至今为止，仍是高分子涂层的高光纸较受欢迎，不过，墨水黏附性好、干燥快的多孔微粒涂层高光纸在今后也可能会成为主流。

光面涂布纸和亚光涂布纸

涂布纸分为表面有光泽的光面涂布纸和消除了表面光泽的亚光涂布纸。让我们来观察一下它们的区别吧。

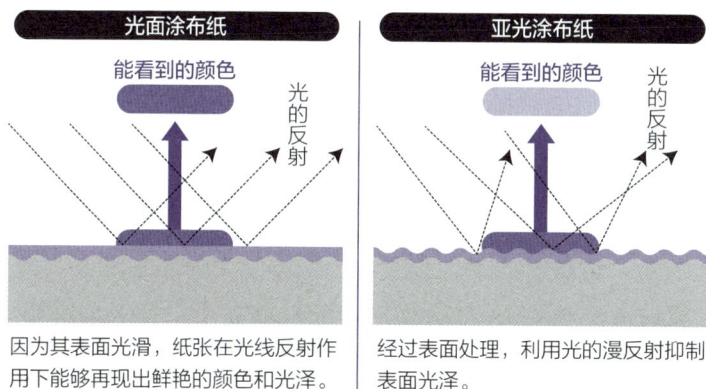

光面涂布纸	亚光涂布纸
能看到的颜色　光的反射	能看到的颜色　光的反射
因为其表面光滑，纸张在光线反射作用下能够再现出鲜艳的颜色和光泽。	经过表面处理，利用光的漫反射抑制表面光泽。

多孔微粒涂层和高分子涂层

喷墨专用的光面纸有多孔微粒涂层类型的，也有高分子涂层类型的。

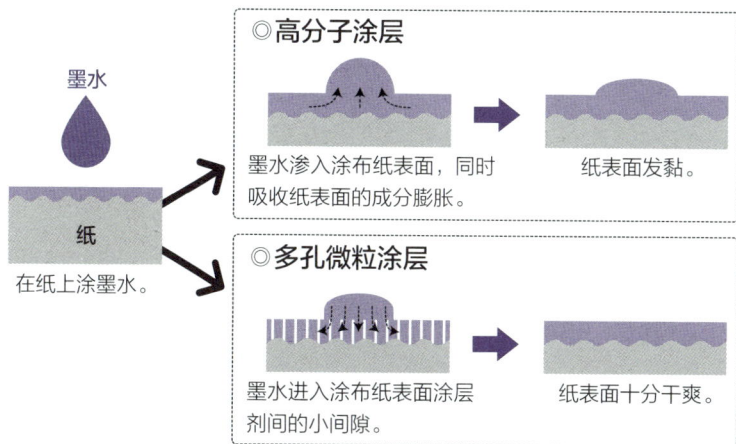

墨水

纸

在纸上涂墨水。

◎高分子涂层

墨水渗入涂布纸表面，同时吸收纸表面的成分膨胀。

纸表面发黏。

◎多孔微粒涂层

墨水进入涂布纸表面涂层剂间的小间隙。

纸表面十分干爽。

▍A4 纸▍
标准化背后的科学

近年来，A4 成为纸张的标准尺寸，政府文件所用的纸也基本都统一成了 A4 纸。不过，A4 到底是一种怎样的尺寸呢？

A4 是国外常见的标准尺寸，在日本，A4 也正在逐渐成为标准尺寸。A4 是纸张尺寸的标准，决定这一标准是十分重要的。如果没有该标准，就会很难进行复印机等机械的设计，也没办法统一归类整理文件。

A4 中的 A 是德国人定下来的纸张尺寸，现在成了国际标准尺寸。A0 是 841 毫米 × 1189 毫米的长方形纸，沿其长边进行对折后的一半是 A1，再次沿长边对折后形成的一半是 A2，以此类推便是 A3、A4。A0 尺寸的纸的面积为 1 平方米。

学生用笔记本的标准尺寸是 B5。B5 中的 B 是日本的固定规格，B0 的尺寸是 1030 毫米 × 1456 毫米。沿长边对折后的一半为 B1，以此类推获得 B2、B3 及更多的尺寸，B0 的面积是 1.5 平方米。

纸的尺寸有两种规格

市面上的纸张有两种规格：A 系列、B 系列。长宽比均为 1：$\sqrt{2}$。
我们能通过等分，从大尺寸的纸中得到小尺寸的纸。

◎ A 系列

19 世纪末德国物理学家奥斯瓦尔德提出的德国标准，也是现在的国际标准。

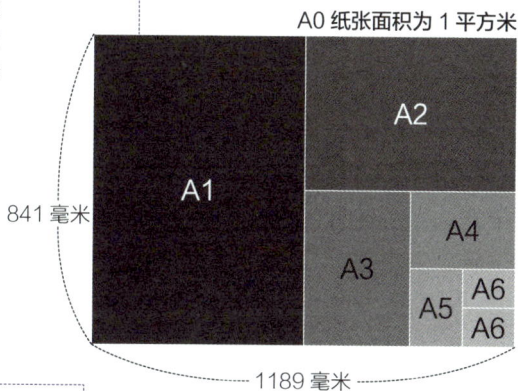

A0 纸张面积为 1 平方米

841 毫米

1189 毫米

A1 A2 A3 A4 A5 A6 A6

◎ B 系列

日本固有的规格，源自江户时代的官方用纸美浓纸。

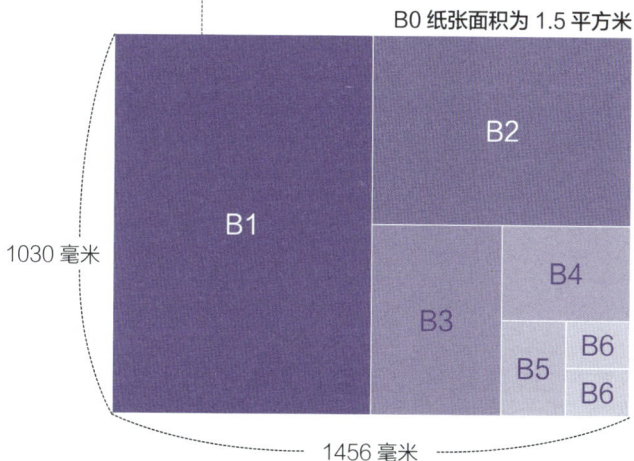

B0 纸张面积为 1.5 平方米

1030 毫米

1456 毫米

B1 B2 B3 B4 B5 B6 B6

219

不过，为什么 A0 的尺寸是 841 毫米 ×1189 毫米呢？这是有其合理性的。让我们来观察一下它的长宽比。A0 的长边除以短边约等于 1.414，也就说是约等于 $\sqrt{2}$（$\sqrt{2}$ 的平方为 2）。$\sqrt{2}$ 这一数字至关重要，例如，A1 是 A0 的一半，若长宽比也为 $\sqrt{2}$，则 A1 和 A0 的形状相同，也就是 A1 和 A0 **相似**（面积则是一半）。A2、A3 也是同样的道理。如此，便能够方便地将 A3 纸缩小为 A5 纸进行复印，也能够将 A4 纸放大为 A3 纸进行复印。如果没有 $\sqrt{2}$ 这一长宽比，当今的复制社会就无法被实现了。这便是 A0 尺寸的秘密。

$\sqrt{2}$ 这一长宽比被称为**白银比例**，能让人类感受到美的比例有很多，白银比例便是其中之一。除此之外，还有一种能让人类感受到美的比例——**黄金比例**。黄金比例大约为 1：1.6，我们身边常见的信用卡、明信片、名片等卡片，几乎都是黄金比例的。

相似矩形更便于复印

A 系列纸和 B 系列纸的长宽比都是大约 1：$\sqrt{2}$，因此，如下图所示，假如将 A4 定义为 100%，便可以很容易地进行等比放大和缩小复制。

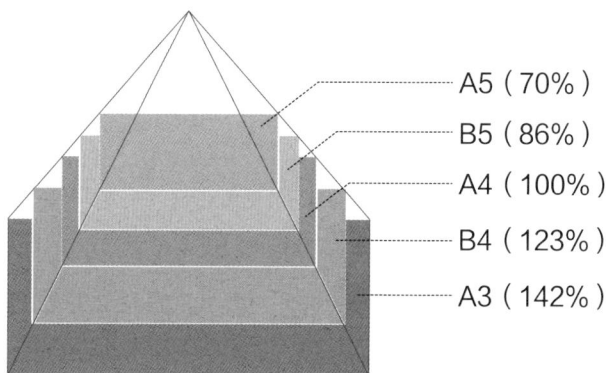

A5（70%）

B5（86%）

A4（100%）

B4（123%）

A3（142%）

白银比例和黄金比例

"美丽的纸的形状"是有秘密的。以"白银比例""黄金比例"为代表，有一些固定的长宽比例。

◎白银比例

297 毫米

210 毫米

A4
$\sqrt{2}$：1

420 毫米

297 毫米

A3
$\sqrt{2}$：1

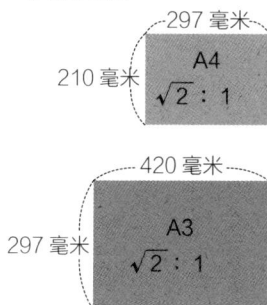

A 系列、B 系列的纸的长宽比都为 $\sqrt{2}$：1。比如 A3 纸对折后就是 A4 纸。

◎黄金比例

85 毫米

55 毫米

名片
1：1.65

85 毫米

53 毫米

信用卡
1：1.60

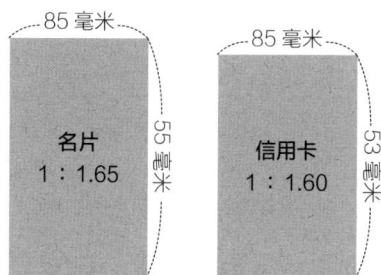

名片和银行卡等常见物品的长宽比大致为 1：1.6。这种长宽比被称为"黄金比例"。

|再生纸|
环保与资源的循环利用

···

随着环保意识的提高，企业和政府机关均开始推荐使用再生纸。再生纸究竟是一种什么样的纸呢？

据说，纸的消费量是文化的晴雨表。纸张消费量大，意味着文化活动十分繁盛。不过，纸张的原材料是森林中的树木，从办公室中的复印和打印活动，到家庭中的如厕和化妆活动，都需要用纸，纸的应用范围十分广泛。与纸张消费直接相关的是对森林的砍伐。因此，为了保护地球环境，人们开始认为需要尽可能地对纸张进行回收再利用。

在日本，从过去开始，对纸张的回收利用就是很常见的。比如，"嘲弄（冷やかす）"这个词来源于江户时代对纸张的再利用工作的说法就很有名。

从城镇回收回来的纸张，需要和灰烬一起煮很长时间才能去掉上面的墨迹。算不上富裕的回收造纸工人们没有钱去玩，只能远望着对人调笑一下。因此，人们在"冷却（冷やす）"这一词的基础上，将这种袖手逗弄的行为称为

再生纸制造流程

让我们来看看再生纸的制作流程。为了使成品纸有韧性，再生纸浆中会掺入化学木浆（206 页）。

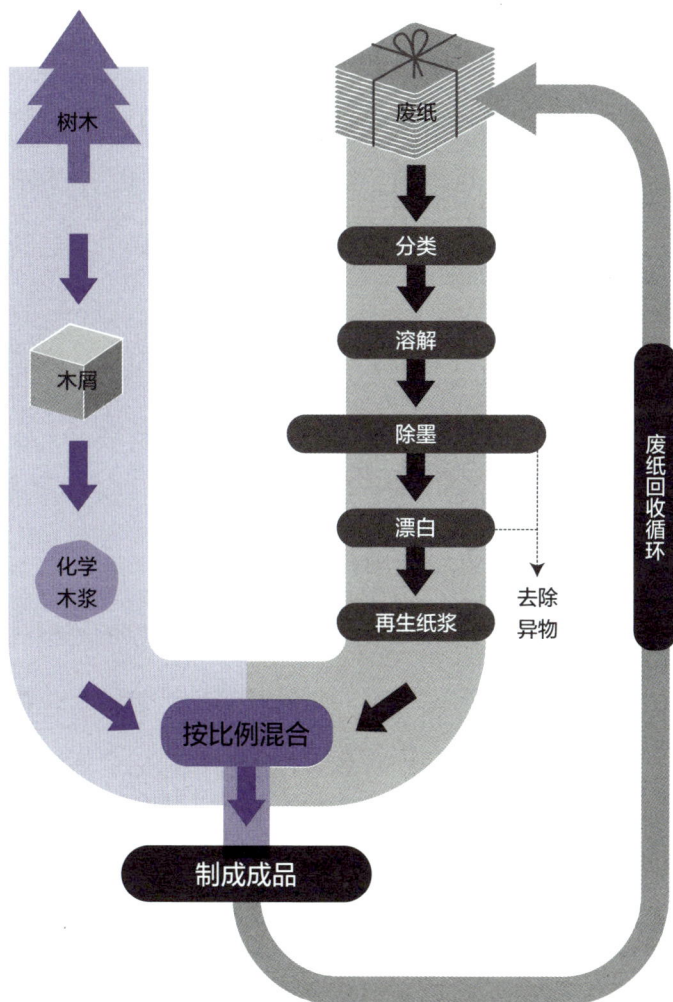

"嘲弄（冷やかす）"。

让我们言归正传。**再生纸**的原料部分或全部是使用过的纸（**废纸**），由此看来，再生纸的定义中并没有明确规定废纸的占比，因此哪怕原料中只有 1% 的废纸，生产出的纸也可被称为再生纸。经过不断改良，再生纸的品质在不断提升。例如，再生纸会被认为颜色不够白、纸质不够韧等，但在不断改良漂白技术和添加剂的过程中，这些不足正在被慢慢克服。

从保护森林的角度出发，还可以考虑使用树木以外的其他材料造纸，这样造出来的纸被称为**非木材纸**。大麻槿和蔗渣就是较为有名的木材替代材料。蔗渣是榨取蔗糖后剩下的甘蔗渣滓，除了被当作燃料和家畜饲料利用，多余的部分都会被丢掉，不过，它也可以当作制作木浆的原材料。

日本生产的很多笔记本的封底和复印纸包装上，都有废纸再利用的标志。其中有名的标志包括绿标、环保标和R 标，购买时可以关注一下。

回收再生的参考标准

1 千克废纸中可回收再利用后的产量大概是 6 卷卫生纸这么多。

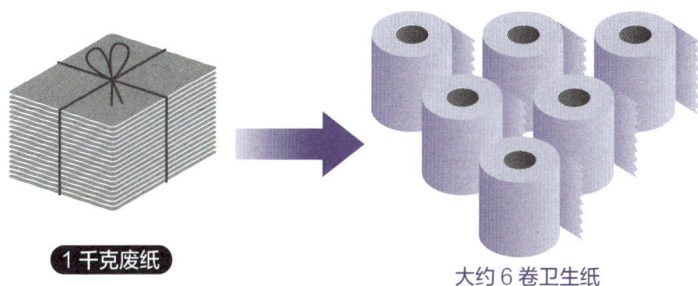

1 千克废纸

大约 6 卷卫生纸

根据废纸的种类不同，产生的纸张也不同

在废纸再利用中，根据原废纸的种类，可以产生如下图所示的纸制品。

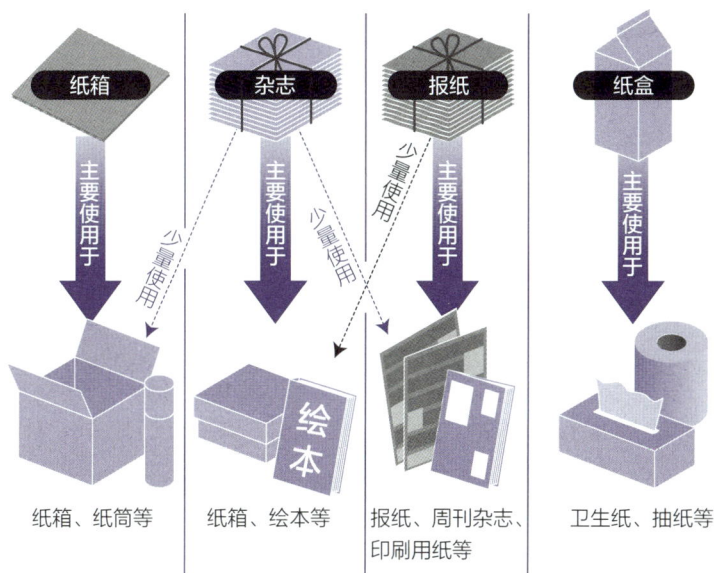

纸箱	杂志	报纸	纸盒
主要使用于	主要使用于 少量使用	少量使用 主要使用于	主要使用于
纸箱、纸筒等	纸箱、绘本等	报纸、周刊杂志、印刷用纸等	卫生纸、抽纸等

|各种各样的纸|
材质与用途的科学

纸是一个话题度很高的主题，例如，模造纸是
模仿了什么？纸的正反面如何区分？

在日常生活中随处可见的纸张，其实也有着无穷的魅力。例如，**模造纸**这一神秘的名称，其词源能够追溯到 20 世纪初。模造纸虽然被认为是因仿造奥地利的纸而得名的，但其实，其源头可追溯至明治中期时大藏省印刷局制造的纸（**局纸**）。奥地利因欣赏这种纸而仿制出模造纸。在大正时期，这种纸被日本进口，并被日本仿造。因此，模造纸拥有了被仿造后再次仿造的奇妙经历。而且，这种纸在不同方言中有不同的叫法，请你询问一下身边与自己籍贯不同的人是怎么称呼这种纸的吧！

接下来，我们来聊一下和纸。和纸因其良好的保存性而闻名，有着"和纸能保存 1000 年，洋纸只能保存 100 年"的说法。

让我们举例说明其拥有良好保存性的一个原因吧！因

模造纸模仿的是什么?

1878 年在巴黎世博会上展出的日本局纸在西方被仿造，奥地利造纸厂制造的仿造纸以"Japan simili"为名出口到日本。这种纸又被日本人再次仿造，称为模造纸。仿造纸在方言中有以下几种称谓。

城市	称呼
山形县	大判纸
新潟县	大洋纸
富山县	雁皮
长崎县、熊本县	广用纸

中性纸是什么样的纸?

日本没有对酸性纸和中性纸进行明确的定义，但国立国会图书馆将 pH 值小于 6.5 的纸称为"酸性纸"。另外，pH6.5 至 pH10 的偏碱性纸被称为"中性纸"。

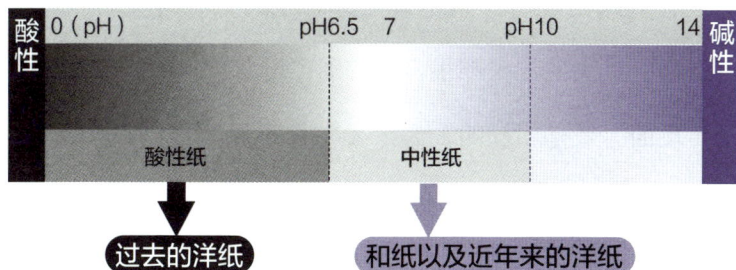

为和纸是一种**中性纸**，而洋纸是**酸性纸**。制作和纸时不需要添加任何化学药品，但是在制作洋纸时，需要加入硫酸化合物。因此，在保存过程中，洋纸的纤维会逐渐变得破碎。不过现在已经研发出了不需要使用硫酸化合物的造纸法，洋纸也能够经得起长时间保存了。

然后，我们来说一下打印纸。这种纸是没有"**丝流**"的。纸的"丝流"指的是在造纸机中木浆的流动方向。纤维沿此方向排列整齐（称为**顺丝**），容易沿此方向撕开，但很难沿丝流的垂直方向（称为**垂直丝**）撕开。打印纸既能横过来用，也能竖过来用，正是因为在消除"丝流"上下了功夫。

在复印机或打印机中装入打印纸时，有时会难以分出正反面。过去的纸张都很容易辨别正反面，正面一般是光滑的，反面一般是粗糙的。为什么纸的反面会是粗糙的呢？这是因为在用网抄纸时（210页），和网接触的那一面会产生细微的纤维脱落，导致那一面变得有些粗糙。而且，纸的反面用于填充纤维间隙的添加物也比较少。不过，近年来的造纸工艺改进了技术，纸正反面的差别几乎消失了，即便用反面进行印刷，也几乎和正面没有差别了。

纸有着容易撕裂的方向

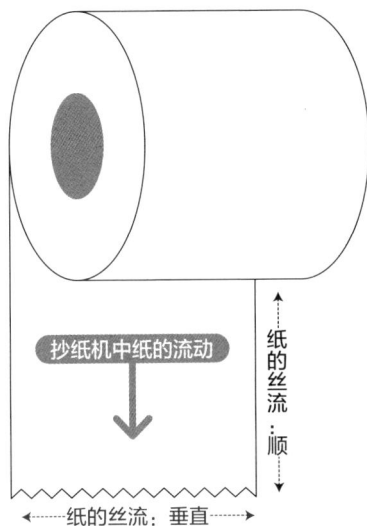

在撕普通纸时，我们会发现有容易撕破的方向，也有不易撕破的方向。容易破的方向是"顺丝"，不容易破的方向是"垂直丝"。打印纸是没有丝流的。

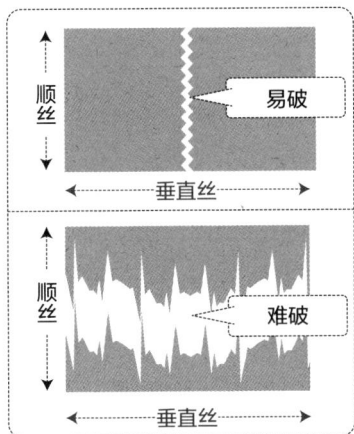

抄纸机中纸的流动

纸的丝流：顺

纸的丝流：垂直

顺丝

垂直丝

易破

顺丝

难破

垂直丝

分辨纸张正反的方法

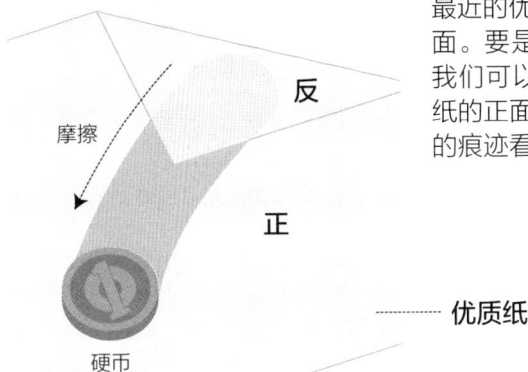

最近的优质纸很难区分正反面。要是想知道正反两面，我们可以用硬币摩擦纸面。纸的正面上填料凸起，摩擦的痕迹看起来比背面更深。

摩擦

反

正

优质纸

硬币

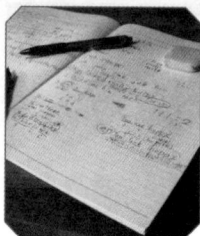

|笔记本|
装订与设计的智慧

在笔记本商店中翻一翻，不知不觉就会想要买一本了。笔记本是一种令人怀念而又满载梦想的文具。

　　小学时，第一次翻开笔记本的乐趣之一，就是观察本子上的网格。语文、数学、社会学科的网格都不一样。年级越高，网格线的宽度越窄，一直到大学时，过渡到成年人使用的大学生笔记本。笔记本上网格线的变化反映着孩子们的成长。

　　虽然显得有些过度热衷，不过让我们来了解一下网格线印刷的历史吧！在现代，我们已经进入**胶版印刷**全盛期，但是直到昭和中期，活字进行的**凸版印刷**都还是主流。在凸版印刷中，要印刷笔记本网格线十分不容易。因此，在过去，笔记本上的网格是用一种叫作**划线印刷**的特殊方法印刷上去的。这种方法是利用沾着墨水的线来进行印刷的，因此十分需要工人具有娴熟的技术。到今天，这种熟练工人已经消失了，这种技术已被现在的胶版印刷所取代。

凸版印刷和胶版印刷

印刷的方式有许多种。在这里，我们来看看其中凸版印刷和胶版印刷的原理。

凸版印刷

压印滚筒

纸

油墨

印版

墨水滚轮

胶版印刷

油墨滚轮

油墨

水

印版

水

胶印滚筒

水滚轮

纸

油墨

压印滚筒

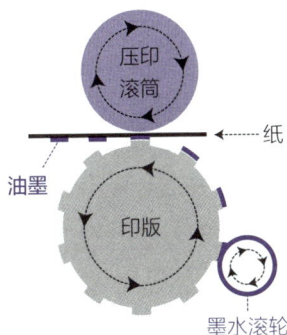

凸版印刷（也称为活版印刷）与版画和印章一样，在凸起的版上涂上墨水，利用压力将墨水转印到纸上。为了能将正像印在纸上，版上的图文是左右翻转的（反像）。

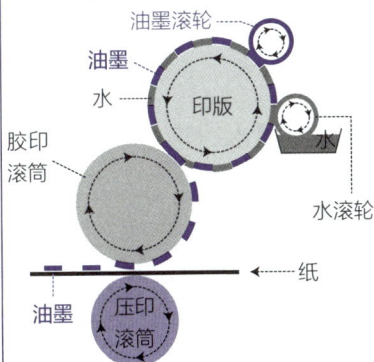

胶版印刷是现在最常见的印刷方法，将沾着墨水的印版先转印到胶印滚筒上，然后转印到纸上。因为要转印两次，所以印版本身是正像就可以了。

划线印刷的机制

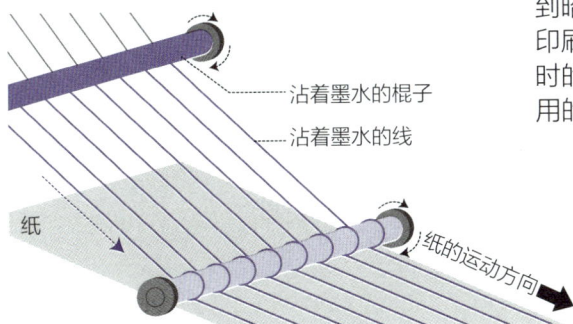

沾着墨水的棍子

沾着墨水的线

纸

纸的运动方向

到昭和中期，凸版印刷达到鼎盛，那时的笔记本格线使用的是划线印刷。

划线印刷有其优点。胶版印刷使用的是油性墨水，因此在用钢笔进行书写时，印刷线的部分会阻止钢笔墨水下渗。划线印刷使用的则是水性墨水，不存在这一问题，因此划线印刷的笔记本在钢笔爱好者群体中十分受欢迎。

近年来，印刷笔记本的墨水也开始使用对环境友好的**环保型墨水**，这可能也是想要通过孩子们和学生们常用的笔记本，来提高大家的环保意识吧。

植物油型油墨和 NON-VOC 油墨就是两种典型的环保型墨水。在植物油型油墨中，植物油代替了部分石油溶剂。NON-VOC 油墨对环境更加友好，它几乎不使用任何石油溶剂，VOC 是挥发性有机化合物的简称。

近年来，人们也在已是成熟文具品类的笔记本上进行了各种创新，产生了许多大热商品。例如，有一种被称为点线笔记本的商品。这种笔记本在网格线上印刷了许多等间隔的小点，能够辅助人们更轻松地画线。虽然只是一个小小的贴心设计，但是每个人的笔记本使用方法都不相同，这样能更好地方便不同人进行版面安排。

对环境友好的环保型油墨

油墨中几乎一半都是挥发性溶剂。用植物油型油墨替代溶剂的就是环保型油墨。顺便说一下，植物油墨的先驱是大豆油墨（soy ink）。soy 就是指大豆。

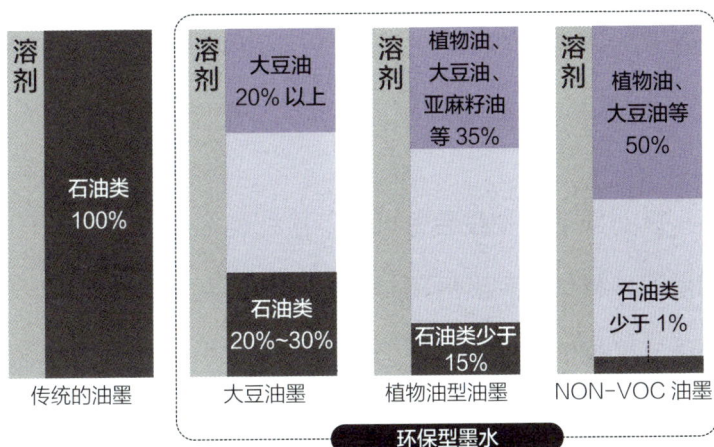

溶剂			
石油类 100%	大豆油 20% 以上 石油类 20%~30%	植物油、大豆油、亚麻籽油 等 35% 石油类少于 15%	植物油、大豆油等 50% 石油类 少于 1%
传统的油墨	大豆油墨	植物油型油墨	NON-VOC 油墨

环保型墨水

方便书写文字和画线的点线笔记本闪亮登场

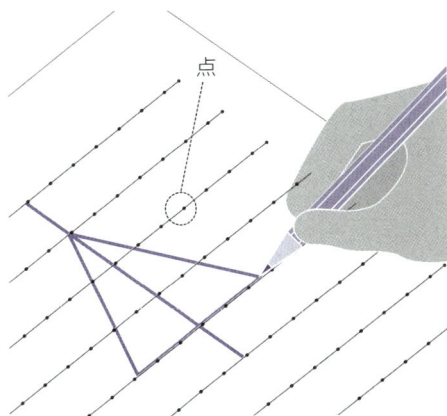

点

为了能漂亮地书写文字和图形，本子上有一些标记会更方便。然而，如果在原有的横格基础上加入竖线，就失去了自由度。于是国誉公司开发了一种带有点的格线。以线上等间距的圆点为标记，可以清晰地书写文字，笔直地画线。

|线圈本|
螺旋结构的实用科学

随着装订方式的改变，笔记本的样貌也会发生变化。能够完全展开使用的线圈本，是能帮助学习和工作顺利进行的好帮手。

以前常见的是**线装**笔记本，这种装订方式是在本子背部用线连接纸页，然后用封面纸将其包裹住。线装笔记本既结实又能够平摊，至今仍是高级笔记本一种常见的装订方式。现在主流的笔记本是**无线胶订**的。这种装订方式是在本子背部用胶固定页面，虽然价格很便宜，但存在无法完全平摊的缺点。

在 1960 年，满乐文公司发明出了一种划时代的装订方式，很快获得极大人气，这便是**螺旋装订**笔记本，是一种由金属螺旋环装订起来的笔记本。

这种笔记本能够 360° 展开，这一特点是划时代的。但是，在展开 180° 的时候，页面就会错位了。而且，如果笔记本过于厚的话，装订的部位就会隆起，不便于书写。

因此，**双环装订**的笔记本近年变得受欢迎起来。笔记

装订方式

书和笔记本的装订方式有很多种。笔记本的装订方式，过去多为线装，现在主流是无线胶订。

无线胶订

不用针也不用钉，在书本背后用胶固定的装订方式，十分结实耐用。

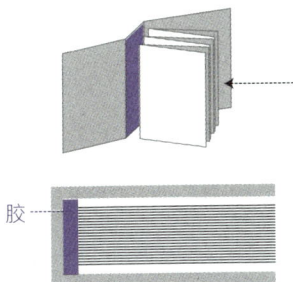

胶

主要用途：文库本、杂志、小册子和笔记本

骑马订

用钉子把折成两折的纸的折痕部分固定住。适用于不需要耐用性的周刊杂志等。

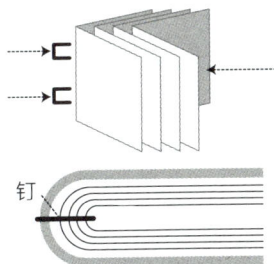

钉

主要用途：周刊杂志、小册子、信息杂志、家用电器等产品的使用说明书

平订

在离纸边约 5 毫米的地方用铁丝固定。很结实，但难以完全展开。

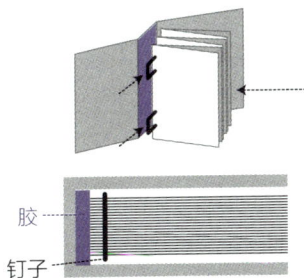

胶

钉子

主要用途：教科书，说明书，少年周刊杂志

锁线订

书脊处用线连接页面，不仅十分结实耐用，而且能够完全平摊。

线

主要用途：普通书，百科书

破脊胶订

对无线胶订机械改良以后的装订方式，在书脊部分切开缺口使胶水能够浸透，比无线胶订更加结实耐用。

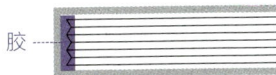

胶

主要用途：普通书，词典

本的每一页都能平整对称地打开，哪怕装订的部分隆起也不用担心。而且，由于装订孔有两根钢丝穿过，所以孔不易损坏。这是一种将梳齿状弯折的铁丝以圆筒状穿入纸孔中的装订方法。这种方式只对铁丝的弯折方法做了一些改进，但大幅度提高了笔记本使用的便利性。

圈装笔记本的封面会做得比内页稍大，因此在拍照时，可以将封面视作笔记本的外框。这样在用智能手机进行拍照时，就能通过识别外框来只提取笔记本的笔记部分。如此，具有只将笔记内容的部分识别为图像并保存功能的APP也登场了。这一功能十分便于后期对笔记进行整理。

智能手机能够作为扫描仪使用，这一十分便利的数字化功能日后的发展十分令人期待。比如，利用这一功能，可以将在会议中记录的笔记迅速传到云端进行共享。还有，利用**光学字符识别技术**（OCR）将写下来的文字文本化，就可以对笔记内容进行搜索。数字文具的世界或将从对线圈笔记本的利用中开启。

螺旋线圈和双线圈

线圈本有螺旋线圈和双线圈本两种。由于螺旋线圈本存在页面容易左右错位的问题，近年来，双线圈本逐渐成为市场主流。

螺旋线圈

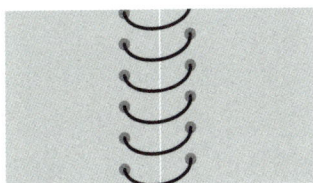

又称"螺旋装订"，是用一根铁丝螺旋穿过纸孔的笔记本。

双线圈

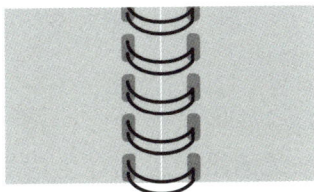

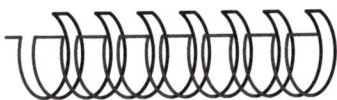

也被称为"双环装订"，用两根铁丝形成的环插入一个纸孔，并卷起来装订而成的笔记本。

数码文具与笔记本的结合

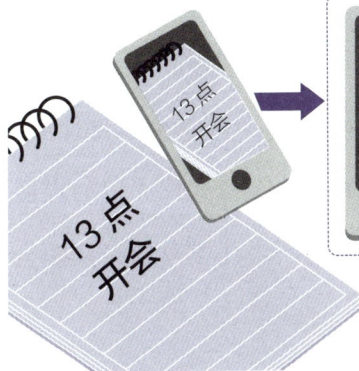

利用一些 APP，不仅能够将斜着拍的笔记本自动补正，而且能仅识别内页中的内容，还可以进行云端保存。

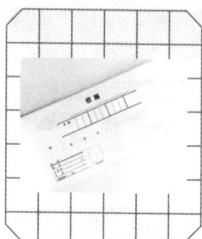

|无碳纸|
化学反应的无痕记录

··

我们日常收到的复写式小票和交货单，大多使用的是无碳纸。这种纸不会弄脏手，使用起来很方便。

无碳纸被应用在生活的各种场景中，它活跃在银行转账单、快递单等需要存根的场合中。

既然有无碳纸，那么肯定也存在**有碳纸**。快递单的公司存根等使用的就是有碳纸，这种纸的背面涂上了碳粉，可以利用笔压在下一张纸的表面印上字。从它的结构可以看出，虽然它价格便宜，但十分容易弄脏手。

无碳纸解决了有碳纸容易弄脏手的缺陷，这种 1953 年在美国被发明出来的商品，有着什么样的原理呢？

无碳纸利用了微米级别的**微胶囊**，在纸面施加笔压时，涂布在纸背面的微胶囊就会破裂，从中释放出无色的**发色剂**，与第二面纸表面涂着的**显色剂**产生化学反应，从而会产生颜色，在存根页显示出字迹。

这一显色机制，会让我们想起可擦圆珠笔（34 页）中

有碳纸的转印机制

快递单等常用的材料是有碳纸。虽然结构简单，价格便宜，但触摸起来会弄脏手。

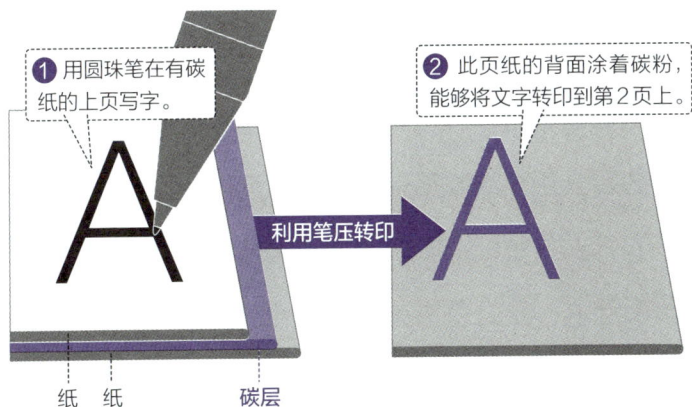

❶ 用圆珠笔在有碳纸的上页写字。

❷ 此页纸的背面涂着碳粉，能够将文字转印到第2页上。

利用笔压转印

纸　纸　　碳层

无碳纸书写文字的原理

在圆珠笔的笔压下，装有隐色染料（最初为无色）的微胶囊被压碎，与显色剂发生化学反应，从而显现颜色。左图是复写3张的情况。

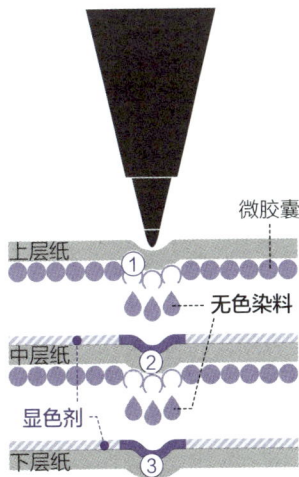

微胶囊

上层纸

无色染料

中层纸

显色剂

下层纸

① 圆珠笔的笔压破坏了上层纸中的微胶囊。

② 与显色剂发生化学反应，中层纸显色，微胶囊被压碎。

③ 同样和显色剂发生化学反应，下层纸显色。

介绍到的隐色染料和显色剂的组合。其实，微胶囊中的发色剂正是一种隐色染料。不过和可擦圆珠笔的墨水不同，无碳纸中的染料使用的是在常温下性质不会变化的物质。因为存根要是能被橡皮轻易擦掉，可就糟糕了。

热敏纸也用了和无碳纸相同的印字机制。热敏纸通常被作为传真用纸或收据用纸使用，可以利用打印机头的热模板直接在热敏纸上转印图文。这种纸的显色原理是，纸的表面涂有一层发色剂和显色剂的混合涂层，遇热时这两种药剂会发生化学反应显色。

从不使用碳粉这个角度出发，还存在一种和上述的无碳纸不同的无碳纸，那就是由百乐公司推动市场化的**塑料复写纸**。这种纸采用的是塑料层中含有墨水的设计，也可以实现不脏手。

微胶囊是微米级的

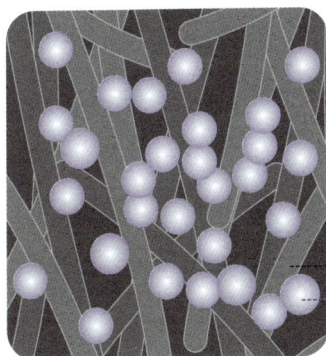

左图为无碳纸的放大图。无碳纸的纤维中附着着含有隐色染料的微胶囊。其大小以微米（千分之一毫米）为单位。

纸纤维
微胶囊

热敏纸的原理

打印收据常用的是热敏纸，显色剂和隐色染料被涂在热敏纸表面的黏合剂（胶类物质）中。

①

黏合剂

增敏剂
显色剂
隐色染料

基纸

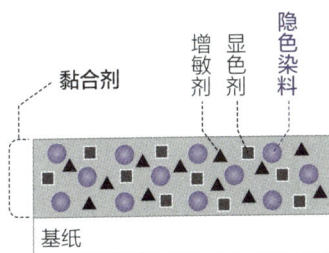

纸表面的黏合剂上涂有显色剂和隐色染料。增敏剂是用于促进化学反应产生的物质。

②

发热体
（热敏打印头）

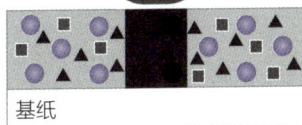

↓

热

基纸

受热后，显色剂与隐色染料溶解并混合，发生化学反应而变黑。

专栏

人体工学文具——科学与舒适的完美结合

近年来，有许多冠有 ergo 称号的文具上市。ergo 是来源于"人体工学"（ergonomics）这一词语，其目的是将工具设计成适合人使用的形状。

例如，在派通公司开发的圆珠笔"ERGoNoMiX WINGGRIP"中，握柄位于拇指和食指的中间点。这样一来，就获得了以前需要用拇指、食指、中指三点才能支撑的书写工具所没有的便利性。蜻蜓铅笔公司销售的修正胶带"MONO ergo"也冠有人体工学的称号。这种笔的形状经过精心设计，据说能让所有人都能以最合适的握持方式使用。

有一种利用了人体工学理论，在 20 世纪末就大受欢迎的商品，这就是百乐公司的"Dr.Grip"系列，这种笔因"易拿不累"而大受欢迎。此外，斑马公司的"绅宝"多功能笔、三菱铅笔公司的"KURU TOGA"自动铅笔的设计也符合人体工学。不是"人配物"而是"物配人"，这就是近年来工业设计的大势所趋。

主要参考的企业、机构等的主页，按原书顺序排序

3R 活動推進フォーラム、HOYA ビジョンケアカンパニー、NTN 精密樹脂 、NTT コムウェア、OKI データ、TDK、TOTO、YKK、エプソン、王子タック、オルファ、花王、紙の博物館、環境省、関東化学、キーエンス、京セラ、キングジム、クラレファスニング、コクヨ、国立印刷局、国立国会図書館、コニシ、さいたま市教育委員会、サイデン化学、サクラクレパス、サンスター文具、サンワサプライ、シード、シャープ、ショウワノート、信越化学工業、新日鉄住金、新日鉄住金ステンレス、ステッドラー日本、住友スリーエム、スリーボンド、セイコーウオッチ、セーラー万年筆、石油化学工業協会、ゼブラ、セメダイン、全国珠算学校連盟、ソニック、大王製紙、ダイモ販売、寺西化学工業、東京ラミネックス、トモエそろばん、トヨタ紡織、トンボ鉛筆、名古屋市、ニチバン、日精樹脂工業、日東電工、印刷インキ工業連合会、日本製紙、日本製紙連合会、日本セラミックス協会、日本白墨工業、日本筆記具工業会、日本プラスチック工業連盟、日本木材学会、ネオマグ、パイロット、ハリマ化成、日立マクセル、富士商工会議所、富士ゼロックス、富士フイルム、ブラザー工業、プラス、プラスチック循環利用協会、プラチナ万年筆、ぺんてる、マグネテックジャパン、マックス、マルマン、明光商会、文部科学省、ヤマト、ライオン事務器、リコー、リンテック、レンゴー、塩ビ工業　環境協会、丸十化成、呉竹、三菱鉛筆、寺岡製作所、森林総合研究所、東レダウ コーニング 、東亜合成、内田洋行、日南環境、日本鉛筆工業協同組合、日本化学繊維協会、日本環境協会、日本中毒情報センター、日本理化学工業、北越紀州製紙、北海道立総合研究機構、理想科学工業

内文设计　島田利之（シーツ・デザイン）

内文插图/解说图　小林哲也

制作协力　岩佐陸生

图片提供　カズキ高分子、トンボ鉛筆、パイロット、プラス、マックス

插图提供　一般社団法人日本印刷産業連合会

一般社団法人日本有機資源協会（JORA）

飲料用紙容器リサイクル協議会（全国牛乳容器環境協議会）

NPO法人 非木材グリーン協会

紙製容器包装リサイクル推進協議会

環境保護印刷推進協議会

公益財団法人　古紙再生促進センター

公益財団法人　日本環境協会

全国森林組合連合会